数据挖掘技术与应用

主 编 谷 斌
副主编 张翠轩
参 编 李 毅 论 兵 孙 宁
　　　 王彦明 宋 峰 梁启星

北京理工大学出版社
BEIJING INSTITUTE OF TECHNOLOGY PRESS

内 容 简 介

为解决基层企业数据挖掘工作难以开展的困难，本书以 SPSS Modeler 工具为载体，以企业典型工作任务为基础设计案例和学习情境，将开展数据挖掘的基本流程、使用的工具和方法按项目制组织为不同的项目和工作任务。本书将工作中开展数据挖掘的具体过程和方法作为重点，突出技能培养和锻炼。全书以案例及过程性表述简化基础理论介绍，力求降低学习难度。内容覆盖数据认知、软件环境准备、数据处理、基本统计分析、关联分析、分类、聚类、典型商业分析模型等方面。参考本书学习，可完成基本数据处理，实现中小型企业内常见模型的快速搭建，形成分析结果。

本书面向计算机应用、信息管理、数据库营销等专业学生使用，也可作为企业数据分析方向培训教材。

版权专有　侵权必究

图书在版编目（CIP）数据

数据挖掘技术与应用 / 谷斌主编. -- 北京：北京理工大学出版社，2023.8（2024.2 重印）
ISBN 978-7-5763-2768-7

Ⅰ．①数… Ⅱ．①谷… Ⅲ．①数据采集 Ⅳ．①TP274

中国国家版本馆 CIP 数据核字（2023）第 155710 号

责任编辑：王玲玲	**文案编辑**：王玲玲
责任校对：刘亚男	**责任印制**：施胜娟

出版发行 /	北京理工大学出版社有限责任公司
社　　址 /	北京市丰台区四合庄路 6 号
邮　　编 /	100070
电　　话 /	（010）68914026（教材售后服务热线）
	（010）68944437（课件资源服务热线）
网　　址 /	http://www.bitpress.com.cn
版 印 次 /	2024 年 2 月第 1 版第 2 次印刷
印　　刷 /	涿州市新华印刷有限公司
开　　本 /	787 mm×1092 mm　1/16
印　　张 /	16.5
字　　数 /	368 千字
定　　价 /	49.80 元

图书出现印装质量问题，请拨打售后服务热线，负责调换

前言

近些年,数据挖掘始终是理论研究和商业应用的热点,不仅在商业领域开始探讨将数据视为很有价值的资源、很重要的资产和很关键的生产要素,在教育领域,各院校计算机类、电子商务类专业常将相关课程设置为较为重要的专业课程,而且随着 2017 年 AlphaGo 在围棋上取得突破、2022 年 Chat GPT 一举成名等重大成果问世,又将相关研究和应用推向了讨论的中心,引发了新的一波学习和研究数据挖掘、人工智能的热潮。

编者从事相关课程教学以来,发现在企业培训和高职日常教学中,大部分学习者(企业员工、高职学生)对数学模型有天然的抵触心理。即使课程中不少模型仅使用初等数学即可完成推导,但仍然会使课堂教学变得枯燥。受此影响,不少学习者难以持久、深入地完成学习,无法感受到数据挖掘为工作带来的巨大便利。在此背景下,为了实现差异化学习目标,该类课程通常按受众分为偏理论型和偏应用型两个方向,前者更适合研究者学习,后者更适合初学者和非专业从事数据挖掘算法研究的学习者。偏理论型教学侧重于原理、算法,通常配合 SAS、R、Python(NumPy、Pandas)、Spark 等系统,提供了较为细致的算法推导和参数说明,通常给出匹配的例程和代码;偏应用型教学侧重于营销、管理等方向的企业应用,通常配合 Modeler(Clementine)、Orange 等系统,提供较细致的应用场景介绍和企业实例、数据。

本书可用作计算机类、电子商务类等专业课程教材,也可用作非技术类企业面向营销人员、业务管理人员开展数据分析方向短期培训教材。

教学过程中,可根据专业和岗位面向,选择不同的项目、任务。完整学习可安排 64 学时,含所有项目、任务和数据分析报告任务。本书共设 10 个项目 32 个任务,其中,项目 1、2 介绍了数据挖掘的基本知识,界定了关键概念;项目 3 导入了分析工具;项目 4 介绍了开展数据挖掘前的各项工作;项目 5 为基于统计的基础分析;项目 6 为关联规则挖掘和序列分析;项目 7、8 分别为决策树和神经网络,这两个项目中的任务更多侧重于分类;项目 9 为聚类分析;项目 10 补充了营销方向中经常使用的 RFM 分析。全书基于 Modeler 工具,侧重于企业中开展挖掘的分析过程和完成相关任务的操作过程。由于企业中通常将分析过程与撰写分析报告、绘制可视化报表一同完成,因此,各项目任务中分别补充了相关内容,不再列为独立项目。考虑到便于教学实施的相关因素,全书仅引用 Modeler 的示例数据进行介绍,在实际使用时,建议选择本专业相关的数据或案例实施教学。

　　本书编写团队中,谷斌老师负责项目 1 和项目 10 的编写及全书的统稿工作,张翠轩老师负责项目 2、3 的编写及微课资源的建设,李毅老师负责项目 4 的编写和题库的建设,论兵老师负责项目 5、项目 6 中的序列分析和项目 8 神经网络的编写,王彦明老师负责项目 6 的关联规则挖掘及项目 7 决策树算法的编写,孙宁老师负责项目 9 聚类的编写。中国邮政电子商务有限公司商品分销部宋峰总经理及业务专家梁启星老师对全书的规划布局进行了总体把关,并对具体内容提供了意见建议。

　　由于水平有限,书中不妥之处难免,敬请谅解,欢迎大家对本书提出宝贵建议。

编　者

目录

项目1　数据挖掘中的数据 ………………………………………………………… 1
  任务　判别数据、信息与知识 ……………………………………………………… 1
    情境描述 ……………………………………………………………………………… 1
    学习目标 ……………………………………………………………………………… 1
    任务解析 ……………………………………………………………………………… 2
      数据的层次 ……………………………………………………………………… 2
    知识点提炼 …………………………………………………………………………… 3
    任务评估 ……………………………………………………………………………… 3
  习题 ……………………………………………………………………………………… 3

项目2　认识数据挖掘 ………………………………………………………………… 5
  任务1　走近大数据 ………………………………………………………………… 5
    情境描述 ……………………………………………………………………………… 5
    学习目标 ……………………………………………………………………………… 5
    任务解析 ……………………………………………………………………………… 5
      2.1.1　来到大数据时代 …………………………………………………………… 5
      2.1.2　大数据的特点 ……………………………………………………………… 6
      2.1.3　处理大数据的思维方式 …………………………………………………… 6
    知识点提炼 …………………………………………………………………………… 7
    知识拓展 ……………………………………………………………………………… 7
    任务评估 ……………………………………………………………………………… 8
  习题 ……………………………………………………………………………………… 8
  任务2　什么是数据挖掘 …………………………………………………………… 9
    情境描述 ……………………………………………………………………………… 9
    学习目标 ……………………………………………………………………………… 9
    任务解析 ……………………………………………………………………………… 9

2.2.1　初识数据挖掘 ……………………………………………………………… 9
　　　2.2.2　可以挖掘的数据类型 ……………………………………………………… 9
　　　2.2.3　典型的数据挖掘方法 ……………………………………………………… 11
　　　2.2.4　数据挖掘技术的应用领域 ………………………………………………… 12
　　知识点提炼 …………………………………………………………………………… 13
　　知识拓展 ……………………………………………………………………………… 13
　　任务评估 ……………………………………………………………………………… 13
　习题 ……………………………………………………………………………………… 13

项目3　SPSS Modeler 软件 ………………………………………………………… 15

任务1　软件安装和环境熟悉 …………………………………………………………… 15
　　情境描述 ……………………………………………………………………………… 15
　　学习目标 ……………………………………………………………………………… 15
　　任务解析 ……………………………………………………………………………… 16
　　　3.1.1　软件介绍 …………………………………………………………………… 16
　　　3.1.2　软件安装 …………………………………………………………………… 16
　　　3.1.3　环境熟悉 …………………………………………………………………… 19
　　　3.1.4　管理数据流 ………………………………………………………………… 22
　　知识点提炼 …………………………………………………………………………… 24
　　知识拓展 ……………………………………………………………………………… 24
　　任务评估 ……………………………………………………………………………… 24
　习题 ……………………………………………………………………………………… 24

任务2　读入数据 ………………………………………………………………………… 26
　　情境描述 ……………………………………………………………………………… 26
　　学习目标 ……………………………………………………………………………… 26
　　任务解析 ……………………………………………………………………………… 26
　　　3.2.1　读入数据库数据 …………………………………………………………… 26
　　　3.2.2　读入数据文件 ……………………………………………………………… 33
　　知识点提炼 …………………………………………………………………………… 35
　　知识拓展 ……………………………………………………………………………… 35
　　任务评估 ……………………………………………………………………………… 37
　习题 ……………………………………………………………………………………… 37

项目4　数据准备 …………………………………………………………………………… 39

任务1　认识属性的类型 ………………………………………………………………… 39
　　情境描述 ……………………………………………………………………………… 39
　　学习目标 ……………………………………………………………………………… 40
　　任务解析 ……………………………………………………………………………… 40
　　　4.1.1　数据的属性 ………………………………………………………………… 40

4.1.2　工作准备 ··· 41
　　4.1.3　实施过程 ··· 41
　知识点提炼 ··· 43
　知识拓展 ·· 43
　任务评估 ·· 44
习题 ·· 44

任务2　实现数据集成 ·· 45
　情境描述 ·· 45
　学习目标 ·· 45
　任务解析 ·· 46
　　4.2.1　介绍数据集成 ··· 46
　　4.2.2　工作准备 ··· 46
　　4.2.3　实施过程 ··· 46
　知识点提炼 ··· 52
　知识拓展 ·· 52
　任务评估 ·· 52
习题 ·· 52

任务3　理解商业数据及评估数据质量 ·· 54
　情境描述 ·· 54
　学习目标 ·· 54
　任务解析 ·· 54
　　4.3.1　数据的商业理解 ·· 54
　　4.3.2　数据质量的评估 ·· 55
　知识点提炼 ··· 59
　知识拓展 ·· 59
　任务评估 ·· 60
习题 ·· 60

任务4　数据清洗 ··· 61
　情境描述 ·· 61
　学习目标 ·· 61
　任务解析 ·· 61
　　4.4.1　数据清洗 ··· 61
　　4.4.2　工作准备 ··· 62
　　4.4.3　任务实施 ··· 62
　知识点提炼 ··· 68
　知识拓展 ·· 68

任务评估 ··· 68
　习题 ··· 68
　任务 5　数据变换 ·· 70
　　情境描述 ·· 70
　　学习目标 ·· 71
　　　4.5.1　数据的分箱 ··· 71
　　　4.5.2　工作准备 ·· 74
　　　4.5.3　任务实施 ·· 74
　　　4.5.4　分类数据的处理 ·· 79
　　　4.5.5　工作准备 ·· 80
　　　4.5.6　任务实施 ·· 80
　　　4.5.7　数据转置 ·· 82
　　　4.5.8　工作准备 ·· 82
　　　4.5.9　任务实施 ·· 83
　　知识点提炼 ··· 84
　　知识拓展 ·· 84
　　任务评估 ·· 85
　习题 ··· 85
　任务 6　数据规约 ·· 87
　　情境描述 ·· 87
　　学习目标 ·· 88
　　　4.6.1　介绍特征规约 ··· 89
　　　4.6.2　工作准备 ·· 90
　　　4.6.3　任务实施 ·· 90
　　　4.6.4　认识数据规约 ··· 94
　　　4.6.5　工作准备 ·· 95
　　　4.6.6　任务实施 ·· 95
　　知识点提炼 ··· 100
　　知识拓展 ·· 101
　　任务评估 ·· 101
　习题 ··· 101
　任务 7　数据基本操作 ·· 102
　　情境描述 ·· 102
　　学习目标 ·· 103
　　　4.7.1　数据排序和分类汇总 ·· 104
　　　4.7.2　工作准备 ·· 104

  4.7.3 任务实施 ·· 105

  4.7.4 变量派生 ·· 110

  4.7.5 工作准备 ·· 111

  4.7.6 任务实施 ·· 111

  4.7.7 数据筛选 ·· 117

  4.7.8 任务实施 ·· 117

 知识点提炼 ··· 119

 知识拓展 ·· 119

 任务评估 ·· 119

习题 ··· 119

项目 5 数据的基本分析 ··· 122

任务 1 数值型变量的基本分析 ··· 122

 情境描述 ·· 122

 学习目标 ·· 122

 任务解析 ·· 123

  5.1.1 任务描述 ·· 123

  5.1.2 工作准备 ·· 123

  5.1.3 实践过程 ·· 123

 知识点提炼 ··· 127

 知识拓展 ·· 127

 任务评估 ·· 128

习题 ··· 128

任务 2 分类型变量的基本分析 ··· 129

 情境描述 ·· 129

 学习目标 ·· 129

 任务解析 ·· 129

  5.2.1 任务描述 ·· 129

  5.2.2 工作准备 ·· 129

  5.2.3 实施过程 ·· 130

 知识点提炼 ··· 135

 知识拓展 ·· 136

 任务评估 ·· 136

习题 ··· 136

任务 3 两总体的均值比较 ··· 137

 情境描述 ·· 137

 学习目标 ·· 137

任务解析 ··· 137
　　　5.3.1　任务描述 ··· 137
　　　5.3.2　工作准备 ··· 137
　　　5.3.3　实施过程 ··· 138
　　知识点提炼 ··· 141
　　知识拓展 ··· 141
　　任务评估 ··· 141
习题 ··· 141

项目6　关联分析 ··· 143

任务1　关联分析的基本概念 ·· 144
　　情境描述 ··· 144
　　学习目标 ··· 144
　　任务解析 ··· 144
　　　6.1.1　购物篮分析 ··· 144
　　　6.1.2　关联规则 ··· 145
　　　6.1.3　频繁项集 ··· 146
　　知识点提炼 ··· 146
　　知识拓展 ··· 146
　　任务评估 ··· 146
习题 ··· 146

任务2　频繁项集挖掘方法 ·· 147
　　情境描述 ··· 147
　　学习目标 ··· 147
　　任务解析 ··· 148
　　　6.2.1　Apriori算法 ··· 148
　　　6.2.2　频繁项集产生关联规则 ·· 149
　　知识点提炼 ··· 151
　　知识拓展 ··· 151
　　任务评估 ··· 151
习题 ··· 151

任务3　模式评估 ··· 152
　　情境描述 ··· 152
　　学习目标 ··· 152
　　任务解析 ··· 152
　　　6.3.1　简单关联规则有效性的测度指标 ································ 152
　　　6.3.2　简单关联规则实用性的测度指标 ································ 154

知识点提炼 ·· 154
　　知识拓展 ··· 154
　　任务评估 ··· 155
习题 ··· 155

任务 4　Apriori 算法应用 ·· 155
　　情境描述 ··· 155
　　学习目标 ··· 155
　　任务解析 ··· 156
　　　6.4.1　数据集解析 ·· 156
　　　6.4.2　相关参数设计 ·· 157
　　　6.4.3　结果解读 ·· 159
　　知识点提炼 ·· 159
　　知识拓展 ··· 160
　　任务评估 ··· 160
习题 ··· 160

任务 5　序列关联基本概念 ·· 161
　　情境描述 ··· 161
　　学习目标 ··· 161
　　任务解析 ··· 161
　　　6.5.1　序列关联中的基本概念 ·· 161
　　　6.5.2　序列关联的时间约束 ·· 163
　　知识点提炼 ·· 164
　　知识拓展 ··· 164
　　任务评估 ··· 164
习题 ··· 164

任务 6　序列关联的算法 ·· 165
　　情境描述 ··· 165
　　学习目标 ··· 165
　　任务解析 ··· 165
　　　6.6.1　Sequence 算法 ·· 165
　　　6.6.2　Sequence 算法实例 ·· 166
　　知识点提炼 ·· 169
　　知识拓展 ··· 169
　　任务评估 ··· 170
习题 ··· 170

项目7 决策树算法 171

任务1 基本概念 171

情境描述 171

学习目标 172

任务解析 172

7.1.1 什么是分类 172

7.1.2 分类的一般方法 173

7.1.3 样本平衡 174

知识点提炼 175

知识拓展 175

任务评估 175

习题 175

任务2 决策树算法 176

情境描述 176

学习目标 176

任务解析 177

7.2.1 认识决策树 177

7.2.2 决策树生长 178

7.2.3 决策树的修剪 180

知识点提炼 182

知识拓展 183

任务评估 183

习题 183

任务3 C5.0应用 184

情境描述 184

学习目标 184

任务解析 184

7.3.1 生成C5.0决策树 184

7.3.2 C5.0推理规则集 189

知识点提炼 191

知识拓展 192

任务评估 192

习题 192

任务4 分类树CART的应用 193

情境描述 193

学习目标 193

任务解析 ·· 193
      7.4.1 CART 算法介绍 ··· 193
      7.4.2 CART 的剪枝策略 ·· 194
      7.4.3 CART 案例分析 ··· 195
   知识点提炼 ·· 198
   知识拓展 ··· 198
   任务评估 ··· 198
  习题 ·· 198
  任务 5 分类回归树 CHAID 的应用 ·· 199
   情境描述 ··· 199
   学习目标 ··· 199
   任务解析 ··· 199
      7.5.1 CHAID 算法简介 ·· 199
      7.5.2 CHAID 算法应用示例 ·· 200
   知识点提炼 ·· 202
   知识拓展 ··· 202
   任务评估 ··· 203
  习题 ·· 203

项目 8 SPSS Modeler 人工神经网络 ··· 204
  任务 1 人工神经网络基础 ·· 204
   情境描述 ··· 204
   学习目标 ··· 204
   任务解析 ··· 205
      8.1.1 人工神经网络的基本概念和种类 ································· 205
      8.1.2 神经网络中的激活函数及其特点 ································· 206
      8.1.3 人工神经网络的建立的步骤 ······································· 208
   知识点提炼 ·· 209
   知识拓展 ··· 209
   任务评估 ··· 209
  习题 ·· 209
  任务 2 BP 反向传播神经网络及实现 ·· 210
   情境描述 ··· 210
   学习目标 ··· 211
   任务解析 ··· 211
      8.2.1 感知机模型 ·· 211
      8.2.2 BP 反向传播神经网络 ··· 211

8.2.3　基于BP反向传播神经网络的应用 ·················· 212
　知识点提炼 ·················· 216
　知识拓展 ·················· 217
　任务评估 ·················· 217
习题 ·················· 217

项目9　聚类分析 ·················· 219

任务1　什么是聚类分析 ·················· 219
　情景描述 ·················· 219
　学习目标 ·················· 219
　任务解析 ·················· 219
　　9.1.1　定义 ·················· 219
　　9.1.2　应用场景 ·················· 220
　　9.1.3　应用特点 ·················· 220
　　9.1.4　聚类算法的分类 ·················· 220
　知识点提炼 ·················· 221
　知识拓展 ·················· 221
　任务评估 ·················· 221
习题 ·················· 221

任务2　K-Means算法及应用 ·················· 222
　情境描述 ·················· 222
　学习目标 ·················· 222
　任务解析 ·················· 222
　　9.2.1　K-Means对"亲疏程度"的测度 ·················· 222
　　9.2.2　K-Means聚类过程 ·················· 223
　　9.2.3　K-Means聚类的应用示例 ·················· 224
　知识点提炼 ·················· 229
　知识拓展 ·················· 229
　任务评估 ·················· 229
习题 ·················· 229

任务3　Modeler的两步聚类及应用 ·················· 230
　情境描述 ·················· 230
　学习目标 ·················· 231
　任务解析 ·················· 231
　　9.3.1　两步聚类对"亲疏程度"的测度 ·················· 231
　　9.3.2　两步聚类过程 ·················· 232
　　9.3.3　两部聚类的应用示例 ·················· 234

知识点提炼 ·· 236
　　知识拓展 ·· 236
　　任务评估 ·· 236
习题 ·· 236

项目 10　商业领域常用分析方法 ·· 238
　任务　开展 RFM 分析 ··· 238
　　情境描述 ·· 238
　　学习目标 ·· 238
　　任务解析 ·· 239
　　　客户细分 ··· 239
　　　评估客户价值 ··· 239
　　　任务实施 ··· 240
　　知识点提炼 ·· 246
　　知识拓展 ·· 247
　　任务评估 ·· 247
　习题 ·· 247

项目 1

数据挖掘中的数据

数据是数据挖掘工作的对象,也是开展相关工作的基础。现实世界中由于呈现的形式、载体和表述方法的差异,数据呈现出明显的层次性。

项目任务导读:

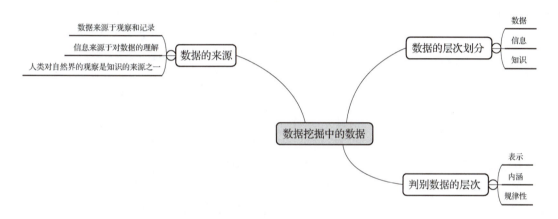

任务 判别数据、信息与知识

情境描述

生活中人们经常遇到数据和信息这两个很相似的概念,那么哪些是数据?哪些是信息?它们有什么关系?对我们而言,数据和信息是否能完整、有效地描述现实世界?

学习目标

通过本任务的学习,能够达成以下目标:
(1)了解数据、信息、知识;
(2)掌握数据、信息、知识之间的差异和联系;
(3)能够分辨现实世界、信息世界、计算机世界中存在的数据、信息和知识。

任务解析

数据的层次

每时每刻,我们身边都充满了各种各样的数据。但只有数据并不能完整、有效地描述我们所认识的世界,只有将这些杂乱无章的数据,转换、提炼、抽象为更高级形式,才能更好地帮助我们作出合理的、科学的选择。人类认识世界有不同的层次,数据、信息、知识和智慧则分别从不同层次描绘了多姿多彩的现实世界,如图1.1.1所示。

数据作为最基础的层次,提供了对现实世界的理性描述,是对客观事物的数量、属性、位置及其相互关系进行抽象表示,以适合在这个领域中用人工或自然的方式进行保存、传递和处理。这个层次是我们认识世界的基础和最直接的手段。

第二个层次是信息。"信息"是现在出现频率很高的一个词,天气信息、××信息系统、地理信息系统等在生活和工作中常常见到。到目前为止,围绕信息定义所出现的流行说法已不下百种,以下是一些比较典型、有代表性的说法。1948年,信息论的创始人香农在题为《通信的数学理论》的论文中指出:"信息是用来消除随机不定性的东西。"1950年,数学家、控制论的奠基人诺伯特·维纳认为,信息是人

图1.1.1 数据的层次

们在适应客观世界,并使这种适应被客观世界感受的过程中与客观世界进行交换的内容的名称。1963年,Weaver、Bar-Hillel、Carnap、Popper等人提出信息论研究应当从香农信息发展到语义信息。语义不仅与所用的语法及语句结构有关,而且与信宿对于所用符号的主观感知有关,是一种主观信息。

作为第二个层次,信息与数据紧密相关。虽然信息表现为各种各样的数据,但是其所蕴含的意义是单纯的数据无法提供的,比如39℃不简单代表了数值大小,还作为温度的度量描述了冷暖差异。所以,用一句话来分辨什么是数据,什么是信息的话,那就是数据是信息的载体,信息是数据的内涵。用公式来表达信息与数据的关系的话,可以描述为信息 = 数据 + 处理 + 时间。也就是说,信息是具有一定时效性的、有逻辑的、经过加工处理的、对决策有价值的数据流。

第三个层次是知识。知识之所以在数据与信息之上,是因为它反映了客观世界的规律性,与决策相关。一般认为这些知识的经典定义都有其价值和意义,信息虽给出了数据中一些有一定意义的内涵,但它往往会在时间效用失效后价值开始衰减,只有通过人们的参与对信息进行归纳、演绎、比较等,使其有价值的部分沉淀下来,并与已存在的人类知识体系相结合,这部分有价值的信息才能转变成知识。例如。北京7月1日,气温为30℃;12月1日,气温为3℃。这些信息一般会在时效性消失后变得没有价值,但当人们对这些信息进行归纳和对比时,就会发现北京每年的7月气温都会比较高,12月气温比较低,于是总结出一年

有春、夏、秋、冬四个季节。有价值的信息沉淀并结构化后就形成了知识。进一步延伸会发现，历史上有很多通过观察、总结、提炼形成知识的例子。比如"二十四节气"是上古农耕文明的产物，它是上古先民顺应农时，通过观察天体运行，认知一岁中时令、气候、物候等变化规律所形成的知识体系。二十四节气准确地反映了自然节律变化，在人们日常生活中发挥了极为重要的作用。它不仅是指导农耕生产的时节体系，更是包含有丰富文化内涵的民俗系统。二十四节气蕴含着悠久的文化内涵和历史积淀，是中华民族悠久历史文化的重要组成部分。从这些例子可以发现，知识是对信息的抽象和提炼，是人类改造客观世界的重要指导。

除了以上三个层次外，如果再进一步划分的话，还可以划分出智慧层次。智慧是人类解决问题的一种能力，是人类特有的能力。智慧的产生需要基于知识的应用，根据这些共识并承接数据、信息和知识。一般认为，智慧是人类基于已有的知识，针对物质世界运动过程中产生的问题根据获得的信息进行分析、对比、演绎，找出解决方案的能力。这种能力运用的结果是将信息的有价值部分挖掘出来并使之成为已有知识架构的一部分。

知识点提炼

数据、信息、知识之间存在紧密联系。
1. 数据是基础，是信息的载体，信息和知识通常会表示为各种类型的数据。
2. 信息是数据的内涵，信息可以看成是对数据的解释、运用和计算。数据需要通过解释才具备意义，成为信息。
3. 知识是对信息的抽象和提炼，反映了客观世界的规律性，通常与决策相关。

任务评估

习　题

1. 数据按层次划分可分为_____、_____和_____。
2. 自然生活中常说的"朝霞不出门，晚霞行千里"可以看成是_____。

学生评价

任务	判别数据、信息与知识		
评价项目	评价标准	分值	得分
分辨数据与信息	能给出具体实例或在实例中作出准确判断	10	
分辨信息与知识	能给出具体实例或在实例中作出准确判断	10	
如何从信息中提取知识（开放式）	给出思路即可，2条以上得此分	10	
合计		30	

教师评价

任务	判别数据、信息与知识	
评价项目	是否满意	如何改进
知识技能的讲授		
学生掌握情况百分比		
学生职业素质是否有所提高		

习题答案

1. 数据、信息、知识。
2. 知识。

项目 2 认识数据挖掘

需要是发明之母。近年来,数据挖掘引起了信息产业界的极大关注,其主要原因是存在大量数据可以广泛使用,把这些数据转换成有用的信息和知识后,可以广泛应用到商务管理、生产控制、市场分析、工程设计和科学探索等领域,有效提升工作效率和质量。

项目任务导读:

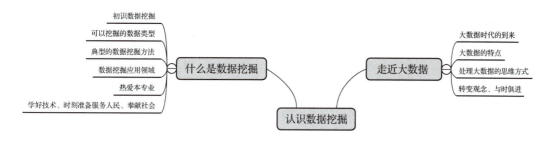

任务 1 走近大数据

情境描述

人类已经进入大数据时代,与传统数据相比,大数据有什么特点呢?如何应对或者处理这些大数据才能使其发挥更大的价值?

学习目标

(1) 知道大数据具有哪些特征;
(2) 紧跟时代从而转变数据处理的思维方式;
(3) 乐观面对数据世界的新形势,能够突破陈规、大胆探索、敢于创造。

任务解析

2.1.1 来到大数据时代

大数据时代的生活令人神往,人们对客观世界的认识更近了一步,所作的决策也不再仅仅依赖主观判断。甚至人们的一个动作,一次消费行为,一份就诊记录,都正在被巨大的数字网络串联起来,大数据正悄悄地包围着人们。

最早提出"大数据"时代到来的是全球知名咨询公司麦肯锡。麦肯锡称:"数据已经渗透到当今每一个行业和业务职能领域,成为重要的生产因素。人们对于海量数据的挖掘和运用,预示着新一波生产率增长和消费者盈余浪潮的到来。"

《纽约时报》2012年2月的一篇专栏中提出:"大数据"时代已经降临,在商业、经济及其他领域中,决策将日益基于数据和分析而作出,而并非基于经验和直觉。

2012年5月,联合国在发表的名为《大数据促发展:挑战与机遇》的政务白皮书中,指出大数据对于联合国和各国政府来说是一个历史性的机遇,还探讨了如何利用包括社交网络在内的大数据资源造福人类。

2.1.2 大数据的特点

大数据技术是数字化转型的重要技术,是挖掘用户需求,改进产品,提高竞争力的依据。那么大数据有哪些特点呢?

大数据具有"Volume""Variety""Value"和"Velocity"4V特征,即规模大、数据类型繁多、数据处理速度快和数据价值密度低,下面分别进行介绍。

(1)规模性。大数据的第一个特点就是"数量大"。大数据的数据量是惊人的,随着技术的发展,数据量开始爆发性增长。大量的数据才能找到规律,才有价值,这就需要考虑数据保存的方式与处理技术。

(2)多样性。大数据广泛的来源,决定了其形式多样性。大数据大体上可以分为三类,分别是结构化数据、非结构化的数据和半结构化数据。结构化数据的特点是数据间因果关系强,数据的存储和排列具有规律性,多呈现为关系表,比如信息管理系统数据、医疗系统数据等;非结构化的数据的特点是数据间没有因果关系,没有固定的模式,比如音频、图片、视频等;半结构化数据的特点是数据间的因果关系弱。比如网页数据、邮件记录等。各种原始数据都是混杂在一起的,不能简单得到想要的信息,必须经过挖掘与分析。

(3)高速性。大数据的交换和传播是通过互联网、云计算等方式实现的,远比传统媒介的信息交换和传播速度快捷。大数据与海量数据的重要区别,除了大数据的数据规模更大以外,大数据对处理数据的响应速度有更严格的要求。

(4)价值性。价值性是大数据的核心特点。现实中,大量的数据是无效的或者低价值的,大数据最大的价值在于通过从大量的各种类型的数据中,挖掘出对未来趋势与模式预测有价值的数据。比如,电商平台每天产生了大量交易数据(大数据),通过一些算法可以分析出具有某些特征的人喜欢什么类型的商品,然后根据客户的特征为其推荐商品。

2.1.3 处理大数据的思维方式

有"大数据之父"之称的舍恩伯格将大数据时代人类的思维革命概括为"更多""更好"和"更杂"。

(1)更多。不是随机样本,而是全体数据。大数据时代进行抽样分析,就像在汽车时代骑马一样,一切都改变了,现在需要的是所有的数据,即,样本=总体。

(2)更杂。不是精确性而是混杂性,执迷于精确性是信息缺乏时代和模拟时代的产物。

只有接受不精确性，才能打开一扇从未涉足的世界之窗，大数据的简单算法比小数据的复杂算法更有效。

（3）更好。不是因果关系而是相关关系。大数据分析技术为获取事物之间的相关关系提供了极大的便利，有效克服了现代科学探寻因果关系的现实困境，使人类得以更全面、更快速地把握事物的本质。这是一种颠覆式的思维方式变革，通过数据驱动的相关性分析方法，使"预测"成为大数据最核心的价值，也使"数据驱动决策"成为大数据时代的最佳实践，这体现的就是一种开拓创新的科学思维。大数据的特征不只是数据规模大，更重要的是其蕴含价值大。

崭新的大数据时代到来了，我们要自信自强、守正创新，踔厉奋发、勇毅前行，为全面建设社会主义现代化国家、全面推进中华民族伟大复兴而团结奋斗。

知识点提炼

1. 相对于传统数据，大数据具有新的特征：规模性、多样性、高速性和价值性。
2. 处理大数据的思维方式要随其特征而改变：更多、更杂、更好。

知识拓展

阅读资料：中国的大数据平台

通信世界网（CWW）消息2022年8月4日，互联网数据中心（IDC）数据显示，2021年中国大数据平台公有云服务市场规模为33.7亿元，比上一年增长53.8%。该市场格局相对比较集中，如图2.1.1所示。其中，阿里云占比位居市场第一，亚马逊云科技和华为云分列市场第二位和第三位，腾讯云排名第四位。前四大厂商共占据81.7%的市场份额。剩余市场份额由百度智能云、微软Azure、京东云等构成。随着数据量明显增长以及厂商对业务实时性要求提高，从数据管理到数据应用，企业对数据分析的重视程度日益提高。

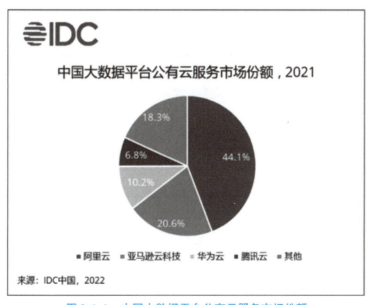

图2.1.1　中国大数据平台公有云服务市场份额

任务评估

习 题

1. 列举身边实例，说明人类已进入大数据时代。
2. 根据实例，描述大数据的新特征。
3. 处理大数据的思维方式是什么？
4. 面对数据世界新形势，你对自己提出什么要求呢？

学生评价

任务1	走近大数据		
评价项目	评价标准	分值	得分
大数据特征	结合实际，示例性地描述大数据的特征	10	
处理大数据的思维方式	根据大数据特征，能够接受新的处理方式	10	
职业素质是否有所提高	对数据的认识和处理思路能够与时俱进	10	
合计		30	

教师评价

任务1	走近大数据	
评价项目	是否满意	如何改进
知识技能的讲授		
学生掌握情况百分比		
学生职业素质是否有所提高		

习题答案

1. 略。
2. 规模性、多样性、高速性和价值性。
3. （1）更多。不是随机样本，而是全体数据。（2）更杂。不是精确性，而是混杂性。（3）更好。不是因果关系，而是相关关系，这样可以使人类得以更全面、更快速地把握事物的本质。
4. 略。

项目 2　认识数据挖掘

任务 2　什么是数据挖掘

情境描述

为什么进行数据挖掘？能挖掘什么类型的数据？当前社会哪些行业用到了数据挖掘？

学习目标

1. 理解为什么进行数据挖掘、什么是数据挖掘；
2. 知道数据挖掘的数据类型；
3. 知道典型的数据挖掘方法和应用领域；
4. 更深刻地认识数据挖掘在实际中的重要性，更加热爱本专业。

任务解析

2.2.1　初识数据挖掘

1. 数据挖掘技术的产生

大数据时代，海量信息给人们带来了一些负面影响，最主要的就是有效信息难以提炼，这也就是约翰·内斯伯特（John Nalsbert）所称的"信息丰富而知识贫乏"窘境。因此，人们迫切希望能对海量数据进行深入分析，发现并提取隐藏在其中的有用信息，以更好地利用这些数据。但仅以数据库系统的录入、查询、统计等功能，无法发现数据中存在的关系和规则，无法根据现有的数据预测未来的发展趋势，更缺乏挖掘数据背后隐藏知识的手段。正是在这样的条件下，数据挖掘技术应运而生。

2. 数据挖掘是信息技术的进化

数据挖掘是人工智能和数据库领域研究的热点问题，所谓数据挖掘，是指从大量数据中揭示出隐含的、先前未知的并有潜在价值的信息的非平凡过程。数据挖掘是一种决策支持过程，它主要基于人工智能、机器学习、模式识别、统计学、数据库、可视化技术等，高度自动化地分析企业的数据，作出归纳性的推理，从中挖掘出潜在的模式，帮助决策者调整市场策略，减少风险，作出正确的决策。

数据挖掘过程总体由三个阶段组成：数据准备、数据挖掘、结果表达和解释。数据准备是从相关的数据源中选取所需的数据并整合成用于数据挖掘的数据集；数据挖掘的任务有关联分析、聚类分析、分类分析等，然后用某种方法将数据集所含的规律找出来；结果表达和解释是尽可能以用户可理解的方式（如可视化）将找出的规律表示出来。

2.2.2　可以挖掘的数据类型

只要数据对目标应用有意义，都适用于数据挖掘，其中最基本的形式是数据库数据、事务数据和数据仓库数据等。

1. 数据库数据

数据挖掘最常见、最丰富的数据源是关系数据库。关系数据库最基本的数据单位是二维表，由行和列组成，行就是一条记录，列就是对象的属性，见表2.2.1。

表 2.2.1 订单信息表

快递单号	签收日期	订单额	订单数量	产品单价	运输成本	利润额	目的城市
100314561689	2021/5/30	14.76	5	2.88	0.500	1.32	杭州市
100112800496	2019/7/8	42.27	13	2.84	0.930	4.56	北京市
100933045781	2020/7/28	164.02	23	6.68	6.150	-47.64	上海市
100833060792	2020/7/28	136.81	23	5.68	3.600	-30.51	上海市

关系数据库可以通过标准化查询语言（SQL）进行查询，比如可以查询"所有杭州市的订单"。当然，SQL也可以进行数据统计，比如可以解决"统计各个城市的订单数量"或"找出订单数量最多的城市"等问题。

如果使用数据挖掘对关系数据库的数据进行分析，就可以进行趋势预测，比如预测"潜在的优质客户"等。当然，数据挖掘系统也可以检测偏差，比如与往年相比，哪些省份的销售出乎意料等。

2. 数据仓库数据

数据库数据主要是面向事务处理，不便于决策，而且存在信息孤岛等弊端，这时数据仓库就是不错的选择了。

著名的数据仓库专家 W. H. Inmon 对数据仓库的定义是：数据仓库是面向主题的、集成的、随时间变化的、非易失的数据集合，用于支持管理层的决策过程。

以某超市数据为例，为了便于管理层的决策，数据仓库数据面向主题组织，比如客户、产品等。数据仓库中的数据主要是历史数据，比如2018—2021年共4年，通常是每类产品、每个时期销售、每个地区的汇总数据。

通常，数据仓库用"数据立方体"这种多维数据结构建模，每个维度对应模式中的一个或多个属性，每个单元存放的是某聚合度量值。

图2.2.1所示是某超市汇总销售数据立方体，有3个维度：

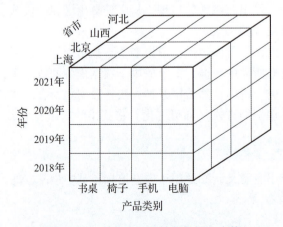

图 2.2.1 某超市汇总销售数据立方体

产品类别，包括书桌、椅子、手机和电脑等。

省市，包括上海、北京、山西和河北等。

年份，从2018年至2021年。

数据仓库适合联机分析处理（OLAP），根据用户需求，可以执行下钻、上卷、切片、切块等操作。比如，可以按年份汇总的销售数据下钻到月份，也可以按省份汇总的销售数据下钻到城市。

可以在数据仓库中对不同颗粒度的数据立方体进行多维组合探查，也可以通过数据挖掘技术的模型来寻找数据中存在的规律性。

3. 事务数据

事务数据的每条记录代表一个事务，比如消费者一次购物或者网页的点击浏览过程。表2.2.2就是一个事务表，其中一个事务包含唯一的事务标识TID和组成事务的项集X（如购买的商品）。

表2.2.2 事务表

TID	项集X
01	ACD
02	CDE
03	AB
04	BE
05	CD

通过数据挖掘技术，可以分析哪些商品具有关联关系，在这些关联关系的支持下可以展开交叉销售。比如，若发现牛奶和面包之间存在较强的联系，则可以对购买了牛奶的客户赠送面包，这样可以助力较贵的牛奶提升销量。

2.2.3 典型的数据挖掘方法

数据挖掘面临的任务主要有描述性和预测性两类。描述性挖掘是分析目标数据的一般性质，而预测性挖掘是对已有数据的归纳，进而对未来情况进行预测。

要完成上述任务，使用的主要方法包括特征化和区分、关联分析、分类和回归分析、聚类分析、离群点分析等。

1. 特征化和区分

数据特征化是对目标数据的一般特性或特征的汇总，比如"消费金额在6 000元以上的顾客特征"。数据特征可以用多种形式进行输出，比如条形图、饼图等。

数据区分是将目标类数据的一般特征与对比数据的一般特征进行比较，目标数据和对比数据是由实际需求决定的，比如，相对于上一年，将销售额增加10%的省份与销售额减少20%的省份进行比较，从而进一步分析其各自变化的原因。

2. 关联分析

关联分析的主要技术是关联规则挖掘，主要用于研究超市顾客购买商品之间的规律，希望找到顾客经常同时购买的商品，从而合理摆放货架，方便顾客选取，所以有时该分析也称为购物篮分析。

比如，面包→牛奶（10%，50%）就是一条关联规则，其含义是如果顾客购买面包，则同时购买牛奶的可能性是50%，10%的支持度意味着所有购买行为中有10%的情况同时购买了牛奶和面包。

一条有趣的关联规则是必须同时满足最小支持度和最小置信度的阈值，否则就会认为是无趣的规则而被丢弃。

3. 分类和预测

分类和预测非常相似，一般来说，可以将输出变量为离散值的模型称为分类模型，而输出变量为连续型的模型称为回归模型。

分类和预测通过归纳和提炼现有数据所包含的规律建立模型，用于对未来新数据的预测。分类和预测模型包括决策树、神经网络等。

4. 聚类分析

聚类分析是实现将对象自动分组的一种方法，属于无监督学习，用于对未知类别的样本进行划分。

聚类分析根据"最大化类内相似性""最小化类间相似性"的原则进行聚类，即所形成的同一个类中对象具有较高的相似性，而与其他类中的对象极不相似。

聚类分析广泛应用于各种领域，比如商务智能、图像模式识别、Web搜索等。

5. 离群点分析

离群点是指在样本空间中与其他样本点的特征不一致的对象。通常数据挖掘将离群点作为噪声丢掉。然而，在一些应用中，比如欺诈检测，检测到一个账号的交易金额明显高于正常交易，这种"特殊数据"反而令人感兴趣了。

2.2.4 数据挖掘技术的应用领域

在商业领域，数据仓库、OLAP技术和数据挖掘有时也被称为商业智能（商务智能），只要有数据，就可以开展数据分析，帮助企业开展各类业务经营决策。下面围绕商务智能的典型应用进行简单介绍。

1. 企业经营管理应用

从商务角度来看，更好地理解顾客、市场以及竞争对手是非常重要的能力，商务智能技术提供了对商务运作的历史、现状和未来的分析能力。基于这些能力，企业能够进行有效的市场分析，如比较类似产品的顾客反馈，发现竞争对手的优劣势，保留住优质客户，作出正确的商务决策。

分类和预测是商务智能分析的核心应用，在市场分析、供应分析和销售分析等方面有很多成功的案例。在客户关系管理方面，基于聚类分析，可根据顾客的相似性将客户进行分组，能帮助企业更好地理解每组顾客的特征，并开发定制顾客奖励机制，提供个性化服务。

2. 金融行业

数据挖掘技术在金融行业有着广泛的应用。

在风险控制方面，主要是对贷款偿还预测和客户信用的评价，很多因素都会对贷款偿还能力以及客户信用等级计算产生一定程度的影响。数据挖掘的方法，如特征选择，有助于识别重要的因素和非相关因素。比如，与贷款偿还风险相关的因素包括贷款率、负债率、贷款期限、客户收入水平、偿还与收入比率、受教育程度、信用历史、居住地区等。其中，偿还与收入比率是主导因素，负债率和受教育水平则相关性不大。银行可以据此调整贷款发放政策，以便将贷款发放给那些基本信息显示是相对低风险的申请者。

此外，数据挖掘技术在银行产品交叉销售、客户市场细分、客户流失预警、新客户开发以及新产品推广等方面都有着不错的应用。

知识点提炼

1. 数据挖掘是指从大量数据中揭示出隐含的、先前未知的并有潜在价值的信息的非平凡过程。

2. 数据挖掘是一种决策支持过程，它主要基于人工智能、机器学习、模式识别、统计学、数据库、可视化技术等，高度自动化地分析企业的数据，作出归纳性的推理，从中挖掘出潜在的模式，帮助决策者调整市场策略，减少风险，作出正确的决策。

3. 数据挖掘技术已经应用到各行各业。

知识拓展

依托强大的云计算技术、算法平台与数据挖掘中台体系，近几年阿里巴巴集团沉淀了大量的电商数据挖掘案例，并逐步形成以商家、消费者、商品为核心要素的全域数据挖掘应用体系。

一是用户画像。淘宝、天猫平台上的众多商家需要通过用户调研和产品研发来把握产品的目标人群和人群偏好，从而对用户投其所好。对用户有深刻的理解是网站推荐、企业经营制胜的重要一环。

二是互联网反作弊。从业务上看，反作弊工作主要体现在账户/资金安全与网络欺诈防控、非人行为和账户识别、虚假订单与信用炒作识别、广告推广与 APP 安装反作弊、UGC 恶意信息检测等方面。

任务评估

习 题

1. 数据挖掘的定义是什么？其技术基础有哪些？主要功能是什么？
2. 数据挖掘可以挖掘哪些类型的数据？
3. 数据挖掘方法有哪些？
4. 列举身边有哪些领域用到了数据挖掘技术。
5. 上网搜索关于数据挖掘的成功案例。

学生评价

任务2		什么是数据挖掘	
评价项目	评价标准	分值	得分
数据挖掘定义	能用自己的语言叙述	10	
数据挖掘的数据类型	能举例说明	10	
数据挖掘方法	能够理解每种方法的应用场合	10	
职业素质	职业素质是否有所提高	10	
合计		40	

教师评价

任务2		什么是数据挖掘
评价项目	是否满意	如何改进
知识技能的讲授		
学生掌握情况百分比		
学生职业素质是否有所提高		

习题答案

1. 数据挖掘定义：是指从大量数据中揭示出隐含的、先前未知的并有潜在价值的信息的非平凡过程。

技术基础：人工智能、机器学习、模式识别、统计学、数据库、可视化技术。

主要功能：高度自动化地分析企业的数据，作出归纳性的推理，从中挖掘出潜在的模式，帮助决策者调整市场策略，减少风险，作出正确的决策。

2. 数据库数据、数据仓库数据、事务数据等。

3. 特征化和区分、孤立点分析、分类预测、聚类分析、关联分析等。

4. 略。

5. 略。

项目 3

SPSS Modeler软件

SPSS Modeler 充分利用计算机系统的运算处理能力和图形展现能力，将方法、应用与工具有机地融为一体，成为内容最为全面、功能最为强大、使用最为方便的数据挖掘软件产品，是解决数据挖掘问题的最理想工具。

项目任务导读：

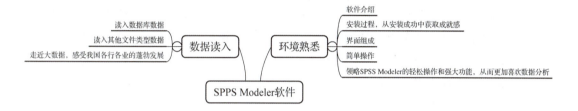

任务1 软件安装和环境熟悉

情境描述

进行数据挖掘之前，先要了解 SPSS Modeler 软件产品，然后在计算机上进行环境安装；SPSS Modeler 是图形化界面，那么界面由哪些部分组成？各部分功能是什么？如何管理数据流呢？

学习目标

（1）了解 SPSS Modeler 软件；
（2）能够独自安装 SPSS Modeler 软件，获取成就感；
（3）熟悉 SPSS Modeler 界面中各部分功能；
（4）能够进行数据流的基本操作，从操作中体会 SPSS Modeler 软件的特点；
（5）感受 SPSS Modeler 的轻松操作和强大功能，从而更加喜欢数据分析。

任务解析

3.1.1 软件介绍

SPSS Modeler 最早属于英国 ISL 公司的产品，原名为 Clementine，随着 2010 年其新版本 14.1 的发布，名字也由 PASW Modeler 更改为现在的 IBM SPSS Modeler。

SPSS Modeler 可以快速、直接地构建准确的预测模型，是一款以图形化为用户界面的数据挖掘软件，不需要进行编程。通过使用图形化界面，可以轻松地享受数据挖掘过程，操作简单易用，分析结果直观易懂，具有功能多样、专业性强的特点，它的专业性及易用性一直受到广大用户的喜爱。

借助该产品的高级分析支持，可以发现数据中隐藏的模式和趋势，可以构建结果模型并了解影响结果的因素，从而使企业降低风险。

SPSS Modeler 支持多种数据库、文本文件、Excel 文件等多种格式的源数据，用户可以方便、快捷地实现数据挖掘，有效提高用户的工作效率。

SPSS Modeler 的操作根据需要，包括数据收集、数据展示和预处理、建立模型、模型评价等环节，每个环节用"节点"表示，数据在这些节点中流动，形象地称为"数据流"。这些操作与数据分析的一般过程基本相符。

3.1.2 软件安装

这里用的软件版本是 IBM SPSS Modeler 18 的 64 位版本，很多平台上都提供其试用版，解压后展开文件夹，如图 3.1.1 所示。

图 3.1.1 安装文件

下面是具体的安装步骤：

（1）双击 setup.exe 文件，进入图 3.1.2 所示的欢迎界面。单击"下一步"按钮。

（2）进入软件许可协议界面，如图 3.1.3 所示，选择"我同意许可协议中的条款"，然后单击"下一步"按钮。

（3）进入选择安装路径界面，如图 3.1.4 所示，如果需要改路径，则单击"更改"按钮，这里使用默认路径。单击"下一步"按钮。

（4）进入图 3.1.5 所示开始安装界面，如果确认前面已经设置好，这里单击"安装"按钮。

项目 3　SPSS Modeler 软件

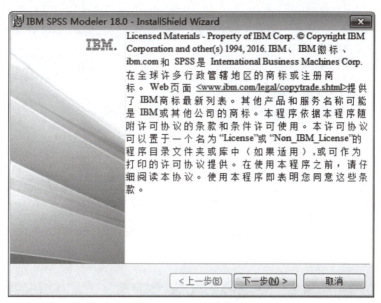

图 3.1.2　欢迎界面

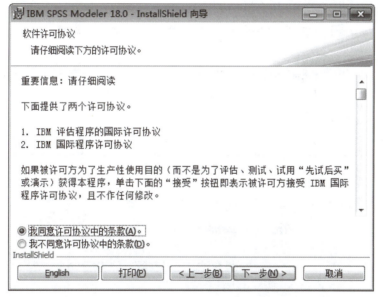

图 3.1.3　软件许可协议

图 3.1.4　目的地选择界面

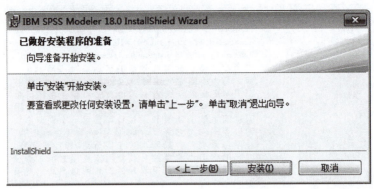

图 3.1.5　开始安装界面

（5）进入正在安装界面，如图 3.1.6 所示，耐心等待到完成，进入如图 3.1.7 所示的界面。

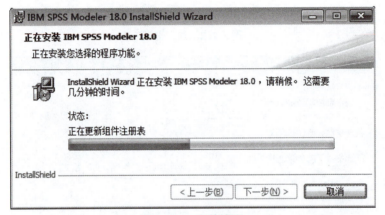

图 3.1.6　安装界面

图 3.1.7　安装完成界面

（6）不要勾选"Start IBM SPSS Modeler 18.0 now"，直接单击"完成"按钮即可。

（7）接下来安装第 2 部分，展开 SPSS_Modeler_18_Premium（bit 64）文件夹，文件列表如图 3.1.8 所示，双击"setup.exe"。

项目 3　SPSS Modeler 软件

ModelerPremium.bmp	2017/3/27 8:49	BMP 图像	588 KB
ModelerPremium64.msi	2017/3/27 8:50	Windows Install...	8,440 KB
ModelerPremium64.pdf	2017/3/27 8:49	Adobe Acrobat ...	1 KB
setup.exe	2017/3/27 8:49	应用程序	1,284 KB
Setup.ini	2017/3/27 8:49	配置设置	6 KB
SNA_x64.cab	2017/3/27 9:00	WinRAR 压缩文件	31,158 KB
TAClie~1.cab	2017/3/27 8:57	WinRAR 压缩文件	196,764 KB
WindowsInstaller-KB893803-x86.exe	2017/3/27 8:48	应用程序	2,525 KB

图 3.1.8　第 2 个文件夹文件列表

（8）进入安装界面，单击"下一步"按钮后，进入软件许可协议界面，单击"我接受"按钮，直到安装，这些和第 1 部分类似。

进入安装界面，耐心等待，直到完成即可。

通过"开始"→"所有程序"→"IBM SPSS Modeler 18.0"→"IBM SPSS Modeler 18.0"，打开本软件，如果出现如图 3.1.9 所示的界面，即安装成功。

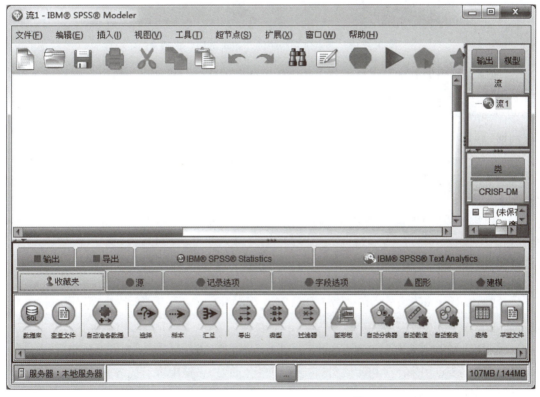

图 3.1.9　IBM SPSS Modeler 18.0 界面

3.1.3　环境熟悉

由图 3.1.9 可以看出，SPSS Modeler 是图形化的窗口模式，界面主要包括标题栏、菜单栏、图标工具栏、流工作区、管理器窗格、工程窗格、节点选用板。可以通过"视图"菜单选择一些窗格的展示与关闭。

1. IBM SPSS Modeler 流工作区

流工作区是 SPSS Modeler 窗口的最大区域，也是构建和操纵数据流的位置。

流是在界面的主画布中通过绘制与业务相关的数据操作图来创建的。每个操作都用一个图标或节点表示，这些节点通过流连接在一起，流表示数据在各个操作之间的流动。

在 IBM SPSS Modeler 中，可以在同一流工作区或通过打开新的流工作区来一次处理多个流。会话期间，流存储在 SPSS Modeler 窗口右上角的"流"管理器中。

2. 节点选用板

SPSS Modeler 中的大部分数据和建模工具都可从横跨流画布下方窗口的底部的节点选用板中获取。

例如，"记录选项"选项卡包含可用于对数据记录执行操作（如选择、合并和附加）的节点，如图 3.1.10 所示。

图 3.1.10　节点选用板中的"记录选项"选项卡

要向画布中添加节点，则双击节点选用板中的图标或将节点拖至画布上。随后可将各个图标连接，以创建一个表示数据流动的流。

每个选项卡均包含一组不同的流操作阶段中使用的相关节点：

（1）源选项节点将数据引入 SPSS Modeler 中。

（2）记录选项节点对数据记录执行操作，如选择、合并和附加。

（3）字段选项节点对数据字段执行操作，如过滤、派生新字段和确定给定字段的测量级别。

（4）图形节点以图形方式显示建模前后的数据。图形包括散点图、直方图、网络节点和评估图表。

（5）建模节点使用 SPSS Modeler 中提供的建模算法，如神经网络、决策树、集群算法和数据序列等。

（6）数据建模节点使用 Microsoft SQL Server、IBM DB2 以及 Oracle 和 Netezza 数据库中提供的建模算法。

（7）输出节点用来产生可以在 SPSS Modeler 中查看的数据、图表和模型结果。

（8）导出节点用来产生可以在外部应用程序（如 Excel）中查看的各种输出。

（9）IBM SPSS Statistics 节点从 IBM SPSS Statistics 导入数据或向其导出数据，以及运行 IBM SPSS Statistics 过程。

3. IBM SPSS Modeler 流管理器

流管理器窗格位于窗口右上角。此窗格包含流、输出和模型三个选项卡。

（1）"流"选项卡。可以使用"流"选项卡打开、重命名、保存和删除会话中创建的流。

（2）"输出"选项卡。包含由 SPSS Modeler 中的流操作生成的各类文件，如图形和表格。可以显示、保存、重命名和关闭此选项上列出的表格、图形和报告。

(3)"模型"选项卡。具有最强大的功能。该选项卡中包含所有模型块,这些模型块包含针对当前会话在 SPSS Modeler 中生成的模型。可以直接从"模型"选项卡浏览这些模型或者将它们添加到画布内的流中。

4. IBM SPSS Modeler 项目

窗口右侧底部是工程窗格,用于创建和管理数据挖掘工程(与数据挖掘任务相关的文件组)。可以通过两种方法来查看在 SPSS Modeler 中创建的项目:"类"视图和"CRISP – DM"视图。

依据业内认可的非专利方法"跨行业数据挖掘过程标准","CRISP – DM"选项卡提供了一种项目组织方法。无论是有经验的数据挖掘人员还是新手,使用 CRISP – DM 工具都会事半功倍。

"类"选项卡提供了一种在 IBM SPSS Modeler 中按类别(即按照所创建对象的类别)组织工作的方式。此视图在获取数据、流、模型的详尽目录时十分有用。

5. 图标工具栏

图标工具栏包含许多有用功能,表 3.1.1 是一些工具栏按钮及其功能。

表 3.1.1 工具栏按钮及其功能

图标	功能	图标	功能
	创建新流		打开流
	保存流		打印当前流
	剪切并移到剪贴板		复制到剪贴板
	粘贴选择		撤销上一次操作
	重做		搜索节点
	编辑流属性		预览 SQL 生成
	运行当前流		运行流选择
	停止流(流在运行时)		添加超节点
	放大(限于超级节点)		缩小(限于超级节点)
	流中无标记		插入注释
	隐藏流标记(如果有)		显示隐藏的流标记

6. 自定义工具栏

可以更改工具栏的各个方面,例如:是否显示、图标是否有可用工具提示、使用大或小图标。

(1)要打开或关闭工具栏显示,则执行以下操作:

在主菜单中,单击"视图"→"工具栏"→"显示"。

(2)要更改工具提示或图标大小设置,则执行以下操作:

在主菜单中,单击"视图"→"工具栏"→"定制",根据需要单击显示工具提示或大按钮。

7. 自定义 SPSS Modeler 窗口

使用 SPSS Modeler 界面各部分之间的分界线，可以调整工具的大小或关闭某些工具以满足个人偏好。例如，如果要处理大型流，那么可以使用每条分界线上的小箭头来关闭节点选用板、管理器窗格和项目窗格。这样可以最大化数据流编辑区，从而为处理大型流或多个流提供足够的工作空间，如图 3.1.11 所示。

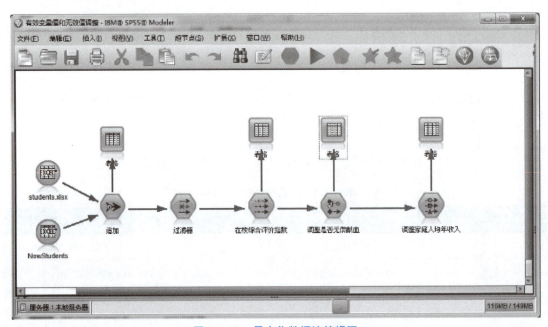

图 3.1.11　最大化数据流编辑区

此外，从"视图"菜单上，单击节点选用板、管理器或工程可打开或关闭这些项目的显示。

8. 更改流的图标大小

右键单击画布上的流背景，选择"缩放"，可以将流图标调整为标准图标尺寸的 8%～200% 之间的某个尺寸。

3.1.4　管理数据流

数据流的管理是 SPSS Modeler 的核心操作，而节点是构成数据流的最重要元素。

1. 构建数据流

（1）将节点添加至流。

可以通过下面 3 种方法将节点从节点选用板添加至流：

1）双击节点选用板中的节点。
2）将节点从节点选用板拖放至流工作区。
3）单击选用板中的节点，然后单击流工作区。

（2）连接流中的节点。

已添加到流工作区的节点在连接之前不会形成数据流，节点之间的连接指示数据从一项操作流向下一项操作的方向，连接节点以形成流的方法有以下几种：

1）通过双击添加并连接节点。

形成流的最简单的方法是双击选项板中的节点，此方法会自动将新节点连接到流工作区中的选定节点。

2）手动连接节点。

右键单击节点，选择"连接"，此时，开始节点和光标处将同时显示连接图标。单击工作区中的第二个节点以连接这两个节点。

连接节点时，需要遵循以下几项规则。如果尝试进行以下任何一种连接，将收到错误消息：

①指向源节点的连接。
②发自终端节点的连接。
③超出节点的最大输入连接数。
④连接两个已连接的节点。
⑤循环（数据返回其从中流出的节点）。

（3）绕过流中的节点。

在流工作区中，可使用 Alt + 双击节点，这样该节点的所有输入和输出连接都将替换为直接从其输入节点通向其输出节点的连接。

（4）在现有连接中添加节点。

拖动用于连接两个节点的箭头到要添加的节点即可。

（5）删除节点之间的连接。

右键单击连接箭头，然后单击"删除连接"即可。

（6）设置节点选项。

右键单击节点，然后选择某个菜单选项：

1）单击"编辑"，可打开"选定节点"对话框。
2）单击"连接"，可将一个节点手动连接到另一个节点。
3）单击"断开连接"，可删除出入节点的所有链接。
4）单击"重命名并加注解"，可打开"编辑"对话框的"注解"选项卡。
5）单击"新注释"，可添加节点相关的注释。
6）单击"禁用节点"，可在处理期间"隐藏"节点。要使节点再次对处理"可见"，可以单击启用节点。
7）单击"剪切"或"删除"，可从流工作区中删除选定节点。
8）单击"复制节点"，可生成不包含连接的节点副本。
9）单击"从此处运行"，可从选定节点向下运行所有终端节点。

2. 使用流

在流工作区中连接源、过程和终端节点后，便创建了一个流。作为节点集合，可以对流进行保存、添加注解，还可以将其添加到工程。

在 SPSS Modeler 中，可以在同一会话中使用和修改多个数据流。主窗口的右侧包含管理器窗格，可在当前打开的流、输出和模型中进行导航。通过此选项卡，可以执行下列操作：

(1) 访问流。
(2) 保存流。
(3) 将流保存至当前工程。
(4) 关闭流。
(5) 打开新流。

知识点提炼

1. SPSS Modeler 产品特点：操作简单易用，分析结果直观易懂，功能多样，专业性强。
2. SPSS Modeler 产品功能：数据收集、数据展示和预处理、建立模型、模型评价等。
3. SPSS Modeler 软件安装步骤。
4. SPSS Modeler 界面组成部分：标题栏、菜单栏、图标工具栏、数据流编辑区、节点工具箱、流管理窗口、工程管理窗口。
5. 数据流的构建和管理。

知识拓展

Modeler 在国内应用日益广泛。各高校随着招生规模扩大，学生信息量大幅度增加，学校运行着各类管理系统，学校的管理人员、教师和学生只能通过查看和简单统计功能来获取数据表面信息。

目前，很多高校已经开始着手对学生的成绩、所获奖项和荣誉、爱好特长、社会实践以及交友等各种行为进行数据分析。通过分类和预测，找出影响学生成绩的因素；通过聚类分析，找出各方面与众不同的学生，对学生进行个性化教育等。

通过数据挖掘，可以使学生受到更好的学习和就业指导，同时，管理人员和教师也能更好地管理各方面的工作事务。

任务评估

习　题

1. SPSS Modeler 产品有哪些特点？
2. SPSS Modeler 产品有哪些功能？
3. 作出如图 3.1.12 所示的数据流，请填写图中 8 个部分的名称。
4. 使用上题的数据流来编辑节点。
(1) 绕过"过滤器"节点，然后重新将该节点连接到源节点和"类型"节点之间。
(2) 命名最后一个节点为"结果输出"。
(3) 练习复制、剪切和删除节点。
(4) 保存数据流到 D 盘根目录下，文件名为 myfirst。注意数据流的扩展名。
5. 界面布局：使用"视图"菜单或分界线上的小箭头最大化流画布。

项目 3　SPSS Modeler 软件

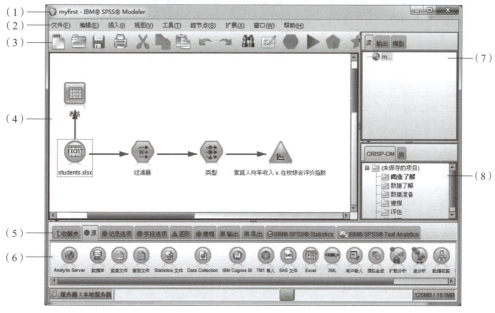

图 3.1.12　SPSS Modeler 18.0 界面

学生评价

任务1	软件安装和环境熟悉		
评价项目	评价标准	分值	得分
SPSS Modeler 产品特点	能从营销的角度解释各指标	10	
SPSS Modeler 产品功能	能对简单实例计算 R、F、M 值	10	
职业素质是否有所提高	能完成完整 RFM 分析过程	10	
合计		30	

教师评价

任务1	软件安装和环境熟悉	
评价项目	是否满意	如何改进
知识技能的讲授		
学生掌握情况百分比		
学生职业素质是否有所提高		

习题答案

1. 操作简单易用，分析结果直观易懂，功能多样，专业性强。

2. 数据收集、数据展示和预处理、建立模型、模型评价等。

3. 标题栏、菜单栏、工具栏、数据流编辑区、节点选项卡、节点工具箱、流管理窗口、工程管理窗口。

4. 略。

5. 略。

任务 2　读入数据

情境描述

数据源的确定和数据的获取是数据挖掘的首要任务和关键环节。Modeler 的数据挖掘是通过数据流方式实现的，数据流的核心是数据，数据的读入是数据流的源头。

SPSS Modeler 提供方便、及时的数据访问。读入数据是把外部数据读取到 Modeler，不同的数据格式选用不同的源节点，可读入数据库数据、Excel 电子表格、文本文件、SASS 格式数据等。

学习目标

（1）掌握连接数据库数据的思路和操作过程；

（2）掌握连接 Excel、SAS、文本等数据文件的操作过程；

（3）能够将任何格式的数据导入 Modeler；

（4）通过操作，使学生感知"我可以""我能行"。

任务解析

3.2.1 读入数据库数据

数据库数据是 SPSS Modeler 主要的数据来源，需要先配置数据源，再从 Modeler 中访问。这里以 MySQL 数据库为例进行介绍。

1. 配置数据源

（1）在任务栏中搜索"ODBC"→"ODBC 数据源（64 位）"，如图 3.2.1 所示。

（2）来到 ODBC 数据源管理程序，选择"系统 DSN"选项卡，单击"添加"按钮，然后选择"MySQL ODBC 8.0 Unicode Driver"，如图 3.2.2 所示。

这里要说明一下"MYSQL ODBC 8.0 ANSI Driver"和"MySQL ODBC 8.0 Unicode Driver"的区别：

1）MySQL ODBC 8.0 ANSI Driver 只针对有限的字符集范围。

2）MySQL ODBC 8.0 Unicode Driver 提供了更多字符集的支持，也就是提供了多语言的支持。

（3）填写配置信息，如图 3.2.3 所示。其中：

Data Source Name（数据源名称）：就是后面在 Modeler 中要识别的数据源名称。

项目 3　SPSS Modeler 软件

图 3.2.1　查找 ODBC 数据源管理器

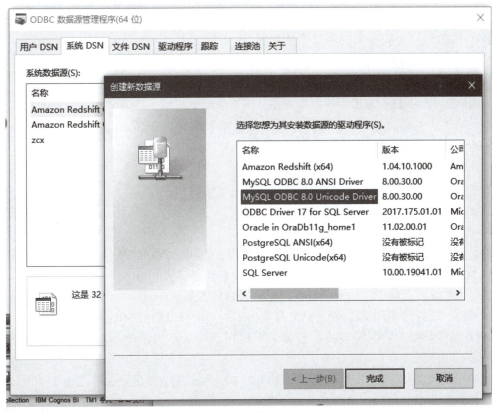

图 3.2.2　选择驱动程序

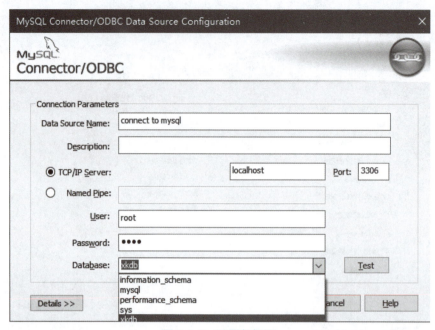

图 3.2.3 配置数据源

Description（描述）：可以不写。

TCP/IP Server：MySQL 的服务器，这里是本机，所以填写 localhost，若远程，则填写远程服务器的 IP 地址。

Port（端口号）：MySQL 的端口号是 3306。

User（MySQL 用户名）：root。

Password（root 用户的密码）：与 MySQL 中 root 的密码一致。

Database：用下拉列表选择数据库名称，这里选择 xkdb。

填写完后，可单击"Test"按钮，测试是否配置成功，如果成功，会有成功提示，如图 3.2.4 所示。然后单击"确定"按钮即可。

（4）此时在"系统 DSN"中即可查看到新创建的数据源，如图 3.2.5 所示。

图 3.2.4 配置成功提示

2. SPSS Modeler 中连接 xkdb 数据库

在"源"节点选项卡中选择"数据库"节点，右击，选择"编辑"，弹出对话框，这里有"数据""过滤器""类型"和"注释"4 个选项卡。

（1）"数据"选项卡。用来设置数据库数据的具体参数，如图 3.2.6 所示。其中：

- 模式：选择数据来源，既可以来自数据库表，也可以来自 SQL 查询。
- 数据源：指定数据源名称。若第 1 次使用，则从下拉菜单中选择"添加新数据库连接"。
- 弹出"数据库连接"对话框，如图 3.2.7 所示。其中数据源选择图 3.2.3 所建的数据源，提供用户名和密码，单击"连接"按钮，在下面的"连接"框中出现数据源的名字，然后单击"确定"按钮。

图 3.2.5　配置成功的数据源列表

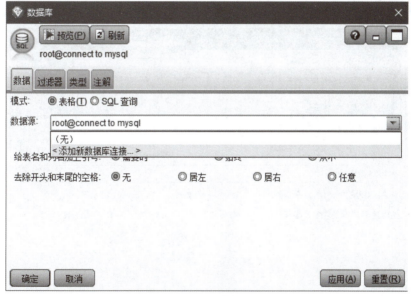

图 3.2.6　寻找数据源

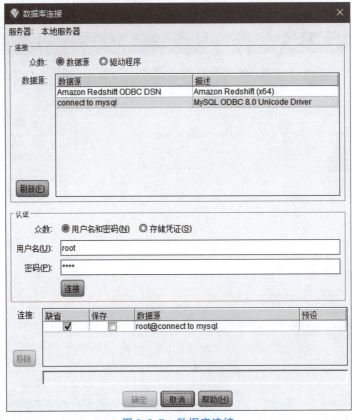

图 3.2.7 数据库连接

- 回到 Modeler 源节点设置界面，在这里写入表名称，如图 3.2.8 所示；也可以使用 SQL 语句选择数据，如图 3.2.9 所示。

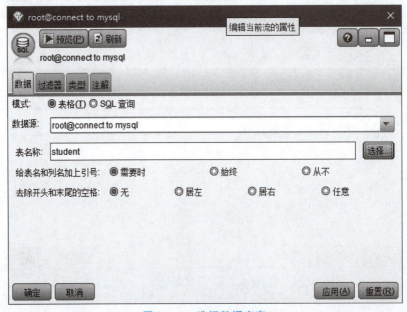

图 3.2.8 选择数据库表

图 3.2.9 用 SQL 语句选择数据库的数据

至此，数据已经读入 Modeler。

（2）"过滤器"选项卡。单击变量后面的过滤箭头，此时箭头上出现红色叉，即可过滤掉该变量，如图 3.2.10 所示。再次单击，则取消过滤。

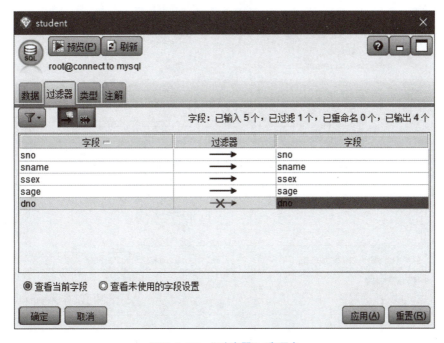

图 3.2.10 "过滤器"选项卡

（3）"类型"选项卡。可出现如图 3.2.11 所示的界面，在这里可以实现数据实例化、分配变量角色、处理孤立点等功能，将在后面项目中详细介绍。

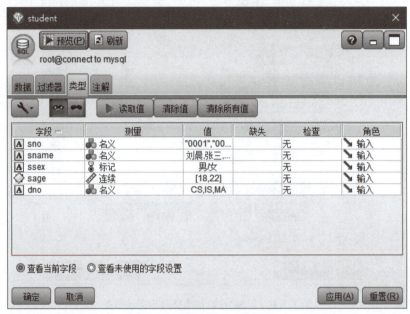

图 3.2.11 "类型"选项卡

（4）"注解"选项卡。默认数据源节点的名字为文件名，也可以在"名称"中定制，比如"数据库数据"，在"工具提示文本"中输入"xkdb 数据库"即可，如图 3.2.12 所示。

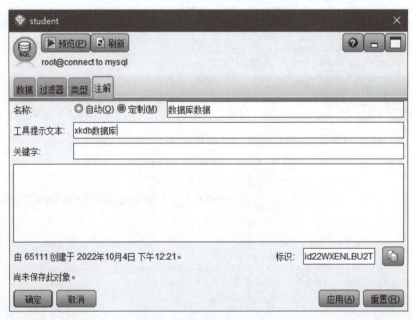

图 3.2.12 "注解"选项卡

其他数据库中数据的读入类似，不再一一赘述。

3.2.2 读入数据文件

1. 读入 Excel 文件数据

Excel 电子表格是极为常见的数据存储格式。现在访问电信客户信息 telephone.xlsx，共包括 3 个工作表：客户信息 1、客户信息 2 和业务信息，这里只读入客户信息 1，其变量包括编号、居住地、年龄、婚姻状况、收入、教育水平、性别和家庭人数。具体步骤如下：

（1）选择"源"选项卡中的"Excel"节点，将其添加到数据流编辑区。然后右击鼠标，选择弹出菜单中的"编辑"选项，进行节点的参数设置。"Excel"节点的参数设置在"数据""过滤器""类型"和"注解"四个选项卡中进行，后三个选项卡与前面所讲类似，这里只介绍"数据"选项卡。

读入数据

（2）"数据"选项卡。

"数据"选项卡用于设置读入 Excel 数据时的具体参数，如图 3.2.13 所示。其中：

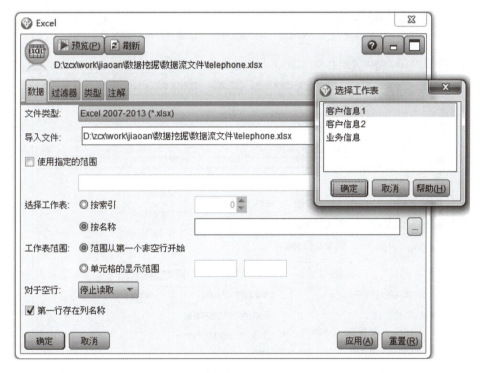

图 3.2.13 "Excel"的"数据"选项卡

1）导入文件。指定待输入 Excel 文件所在的文件夹和文件名。

2）使用指定的范围。只读取 Excel 表某单元区域内的数据，并且该区域也已命名，则应选中该选项，并在下面文本框中输入区域名。

3）选择工作表。若 Excel 包含多个工作表，要读取数据中的某个工作表时，应选中"按索引"选项，并在后面文本框中选择或输入工作表编号；或者选中"按名称"选项，并在后面的文本框中选择工作表名。这里选择"客户信息 1"。

4）可指定从 Excel 工作表第一个非空单元开始依次读入数据，也可指定只读 Excel 工作表中某特定区域内的数据，此时应在"单元格的显示范围"后面的两个框中分别输入该区域左上角和右下角的单元格地址，如对区域 A1:B10，应分别输入 A1 和 B10，字母应大写。

5）如果 Excel 工作表的第一行为变量名，应选中"第一行存在列名称"项。

（3）所有设置完成以后，单击"确定"按钮，完成 Excel 文件数据的读入。

2. 读取自由格式的文本文件

读取一份自由格式的文本。这是一份顾客消费的明细数据，文件名为 Transactions.txt，包括顾客卡号（CardID）、消费日期（Date）和消费金额（Amount）3 个变量。

（1）针对要读取的文件，选取"源"选项卡下的"变量文件"节点，添加到数据流编辑区。

（2）在"文件"选项卡下，载入数据文件 Transactions.txt，各参数设置如图 3.2.14 所示。其中：

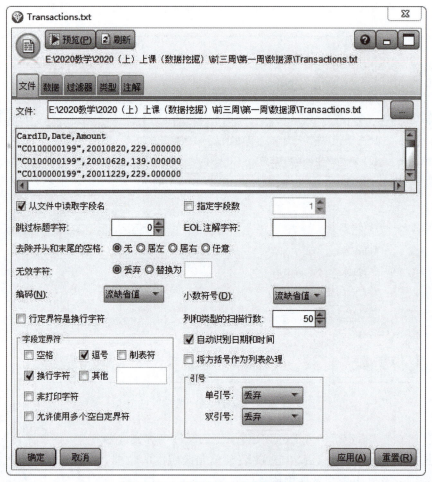

图 3.2.14 读入文本文件的参数设置

1）在"类型"选项卡下，通过单击"读取值"按钮实现对变量进行实例化操作。

2）在"注解"选项卡更改节点名称为"顾客消费数据"。

（3）所有设置完成以后，单击"确定"按钮，完成自由格式文本文件的数据读入。

3. 读取 SPSS Statistics 格式文件

（1）读取一份 SPSS Statistics 格式文件，其中数据是某三年各季度我国鲜苹果出口的数据，文件名为 ExportApple.sav。

针对要读取的文件，选取源选项卡下的"Statistics 文件"节点，添加到数据流编辑区。

（2）在"数据"选项卡下，载入数据文件 ExportApple.sav，如图 3.2.15 所示。

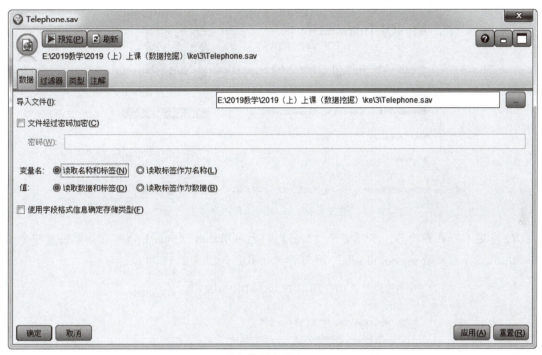

图 3.2.15　读入数据文件 ExportApple.sav

（3）所有设置完成以后，单击"确定"按钮，完成 SPSS Statistics 格式文件的数据读入。

知识点提炼

1. 读入数据使用的节点在"源"选项卡。
2. 读入不同的源数据，选用的节点是不同的。
3. 要先建立 ODBC 数据源，才能在 Modeler 下访问数据库数据。
4. 读入各种源数据时，只是"数据"选项卡设置不同，其余三个选项卡类似。

知识拓展

如果建立 ODBC 数据源时没有数据库驱动，则使用下面步骤获取。

1. MySQL 的 ODBC 驱动下载

（1）ODBC 驱动安装包下载地址：https://dev.mysql.com/downloads/connector/odbc/。

（2）选择适合自己电脑的版本（比如操作系统是 x86,64 位），如图 3.2.16 所示。

图3.2.16　选择操作系统版本

（3）进入下载界面后，不用登录（Login），也不用注册（Sign Up）。直接单击左下角的"No thanks，just start my download."即可开始下载，如图3.2.17所示。

图3.2.17　选择驱动器版本

2. 安装驱动程序

（1）下载完安装包后，双击打开安装包，按照默认选项进行安装即可。

（2）选择"完全安装"，单击"Next"按钮，开始安装，会持续大约3分钟，直到出现"Finish"按钮，单击即可。

怎么样，成功连接数据库数据了吗？遇到困难时，请坚持不懈，细致耐心找问题，相信一定会圆满达成目标。

任务评估

习 题

1. （选择题）如果读入 hello.txt 文件，则使用"源"选项卡中的（   ）节点。
   A. 可变文件　　　　B. Statistics 文件　　　　C. 固定文件　　　　D. SAS 文件

2. （判断题）操作使用 Modeler 的目标是建立数据流，即根据数据挖掘的实际需要选择节点，依次连接节点建立数据流，不断修改和调整流中节点的参数，执行数据流，最终完成相应的数据挖掘任务。（   ）

3. 实训：读取 Excel 表格文件

读取一份 Excel 表格数据，该数据是学生参加某次公益活动的样本数据，文件名为 Students.xlsx。文件中包含 4 张工作表，分别是 Students（老生）和 NewStudents（新生），以及 Students 成绩（老生成绩）和 NewStudents 成绩（新生成绩）。

（1）针对要读取的文件，选取"源"选项卡下的（   ）节点，添加到数据流编辑区。

（2）右击该节点，选择"编辑"，在弹出的对话框的（   ）选项卡下，载入数据文件 Students.xlsx，了解各参数设置，选定 Students 工作表。

（3）选择 Students 工作表。通过预览查看数据并截图。

（4）对变量进行实例化操作，观察有哪些变量类型。

（5）更改该节点名称为"是否参加公益活动"。

学生评价

任务 2	读入数据		
评价项目	评价标准	分值	得分
数据库数据读入	能够读入本机的数据库数据	10	
数据源文件读入	能够读入各种格式的源文件	10	
职业素质	职业素质是否有所提高	10	
合计		30	

教师评价

任务 2	读入数据	
评价项目	是否满意	如何改进
知识技能的讲授		

续表

任务2	读入数据	
评价项目	是否满意	如何改进
学生掌握情况百分比		
学生职业素质是否有所提高		

习题答案

1. A。
2. 对。
3. 略。

项目 4

数据准备

真实世界的数据往往是杂乱的,甚至有些是错误的,会有很多的问题,比如:数据冗余、格式不统一、非法值、特征依赖、缺失值、错误拼写等。

数据准备就是从不同的数据源中提取数据、进行准确性检查、转换和合并整理的一个综合过程,是数据挖掘最重要的阶段之一,通常需要花费大量的时间。据估计,实际的数据准备工作通常占 50%~70% 的项目时间和工作量。

数据准备的主要任务主要包括以下几个方面:数据清洗、数据转换、数据规约、特征选择等。

项目任务导读:

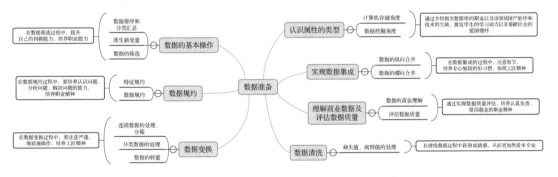

任务1 认识属性的类型

情境描述

以电信客户数据 telephone.xlsx 为例,查看读取数据的变量类型。具体任务如图 4.1.1 所示。

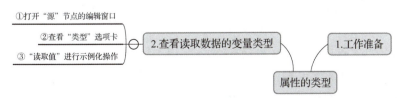

图 4.1.1 属性的类型任务描述

学习目标

通过本任务的学习，能够达成以下目标：
（1）了解 Modeler 中变量的存储类型和格式；
（2）掌握数据属性类型的查看方法；
（3）理解每个变量的含义；
（4）根据需求读取数据的变量类型；
（5）通过介绍与数据库有关的职业，以及该领域国产软件和技术的欠缺，激发学生的学习动力以及奉献社会的爱国情怀。

任务解析

4.1.1 数据的属性

拿到数据后，首先要理解数据，包括明确数据记录的详细程度和合理性，研究的群体是什么，理解每个变量的含义等。

明确变量类型是数据挖掘的第一步，是实现数据正确加工和数据分析的基础。本任务主要从数据挖掘角度来考虑。

从数据挖掘角度看，变量类型反映了其代表事物的某种特征的类型。大千世界，万物多姿多彩，事物特征类型种类也繁多。从计量层次方面归纳，变量通常包括以下类型：数值型变量、定类型变量和定序型变量，后两个类型统称为分类型变量。

表示客户的年龄、家庭人口数的变量是数值型变量；表示性别和职业的变量是定类型变量；表示学历和收入水平的变量是定序型变量。

属性的类型可以从数据存储和数据挖掘两个角度进行划分。

1. 从计算机存储角度看属性的类型

从计算机存储角度看，属性类型反映了其在计算机中的存储格式，不同类型数据存储所占用的空间是不同的。Modeler 将属性分为以下几类。

（1）整数型：用来存储整数。
（2）实数型：用来存储小数。
（3）字符串型：用来存储字符串数据。
（4）时间型：用来存储持续时间数据。
（5）日期型：用来存储日期数据。

2. 从数据挖掘角度看属性的类型

为了更好地反映事物的计量层次，Modeler 将属性分为以下几类，如图 4.1.2 所示。

（1）连续数值型：表示家庭收入、学生考试分数等。
（2）二分类型：也称标记型，表示是否。
（3）多分类型：也称名义型，表示套餐类型、爱好等。
（4）定序型：也称有序型，表示学历、职称等。
（5）无类型：表示编号等复杂数据变量。无类型变量通常不参与数据建模。

图 4.1.2　Modeler 中属性的类型

（6）离散型。

为了更细致地反映事物的计量层次，Modeler 将变量分为表 4.1.1 所列的计量类型。

表 4.1.1　变量类型和图标

计量类型	图标	存储类型	图标
连续数值型	连续	整数型	
二分类型	标记	实数型	
多分类型	名义	字符串型	A
定序型	有序	时间型	
分类型	分类型	日期型	

4.1.2　工作准备

数据源已经进行了读取数据源的操作。前期的数据流图如图 4.1.3 所示。

图 4.1.3　前期的数据流图

4.1.3　实施过程

（1）打开"源"节点的编辑窗口。

打开"客户信息 1"源节点的编辑窗口，双击此节点，或者右键单击节点，选择"编辑"，可打开编辑窗口，如图 4.1.4 所示。

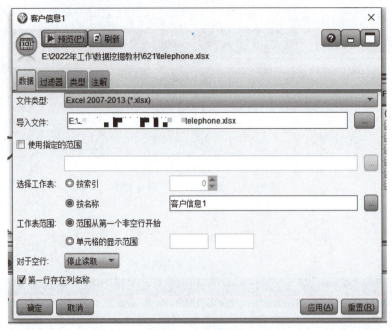

图 4.1.4　编辑窗口

（2）查看"类型"选项卡。

Modeler 会以列表形式显示各数据集包含的字段、测量、值、缺失、检查、角色等。如图 4.1.5 所示。其中，此时的类型仅显示"分类"或"连续"，值也均为"读取"，角色也都为"输入"。

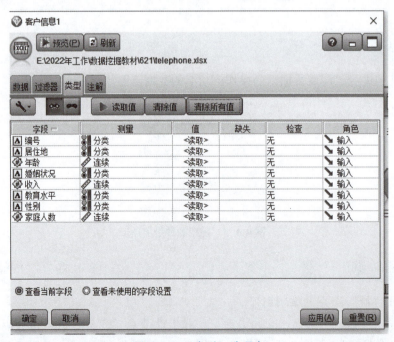

图 4.1.5　"类型"选项卡

(3)"读取值"进行实例化操作。

单击"读取值"按钮,系统会自动读取并识别数据的值及相关属性类型,如图4.1.6所示。

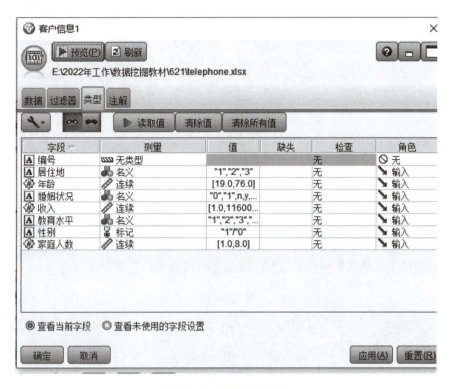

图 4.1.6　实例化后类型

可以看到,几乎每个字段的测量值都发生了变化,后面的值也都会显示具体的数值。也可以使用"类型"节点进行实例化的操作,具体操作详见数据清洗任务。

知识点提炼

变量是数据读入和挖掘分析的基本单位。一方面,在数据挖掘的实际问题中,通常代表事物的某个属性特征。事物属性特征的丰富多彩必然导致相应变量类型的多样性;另一方面,计算机存储不同类型变量的格式也是不同的,最直接的差异即占用的存储字节数有长有短。

知识拓展

数据存储在数据库中,但是现今世界主流的数据库都是国外数据库,如MySQL、SQL Server等,国产数据库还在蓬勃发展中。近年来,随着大数据的发展,国产数据库也如雨后春笋般不断显露身影,如华为高斯数据库、达梦数据库等,但是想要跟国际大牌数据库比肩,国产数据库和技术还有一段路要走。国产信创数据库也在坚持创新,不断实现核心技术的突破。

数据准备是数据分析和挖掘的基础,必须严谨、准确,如果数据出现扭曲,就会出现不可估量的损失,甚至是危险的来源。如"气候门"事件。2009年11月,哥本哈根世界气候大会前夕,一条"丑闻"在网上引起轰动——那些证明全球气候正在变暖的数据涉嫌造假。这将对气候及社会研究造成很大的损失,甚至会影响整个人类的发展,所以对待数据必须要认真、严谨。

任务评估

习 题

1. Modeler 中变量都有哪些类型?
2. 使用哪个节点可以查看属性的类型?
3. 实训。

选取学生参加某次公益活动的数据(文件名为 Students.xlsx)。

(1) 分别读入 Students 和 Students 成绩两张工作表,过滤掉 Students 表中的 C6 和性别两个字段,并对两个表进行实例化操作。

(2) 观察两个表格数据属性的类型。数据流图如图 4.1.7 所示。

图 4.1.7 数据流图

学生评价

任务 1	认识属性的类型		
评价项目	评价标准	分值	得分
理解数据	理解数据	10	
理解每个变量的含义	了解每个变量及类型的含义	10	
根据需求读取数据的变量类型	符合需求	10	
处理前后数据分布的变化	观察读取后数据的变化	10	
专业的职业精神、爱国情怀	专业的职业精神	10	
合计		50	

教师评价

任务 1	认识属性的类型	
评价项目	是否满意	如何改进
知识技能的讲授		
学生掌握情况百分比		
学生职业素质是否有所提高		

习题答案

1. 存储类型：

（1）整数型：用来存储整数。

（2）实数型：用来存储小数。

（3）字符串型：用来存储字符串数据。

（4）时间型：用来存储持续时间数据。

（5）日期型：用来存储日期数据。

计量类型：

（1）连续数值型。

（2）二分类型也称标记型。

（3）多分类型也称名义型。

（4）定序型也称有序型。

（5）无类型。

（6）离散型。

2. "类型"节点。

3. 略。

任务 2　实现数据集成

情境描述

以电信客户数据 telephone.xlsx 为例，实现数据的横向集成和纵向集成。主要实现以下任务：

（1）根据需要，实现源数据的纵向集成。

（2）根据需要，实现源数据的横向集成。

具体任务如图 4.2.1 所示。

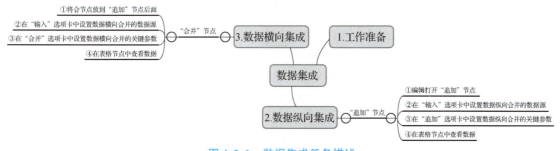

图 4.2.1　数据集成任务描述

学习目标

通过本任务的学习，能够达成以下目标：

数据挖掘技术与应用

1. 理解数据集成的意义；
2. 掌握数据横向集成和纵向集成的方法；
3. 实现数据横向集成和纵向集成；
4. 可根据实际需要，对数据进行集成操作；
5. 在数据集成的过程中，有很多需要注意的细节。很多细小的设置，如果出错，数据就会出问题，直接影响数据挖掘的基础。培养专心细致的好习惯，体现工匠精神。

任务解析

4.2.1 介绍数据集成

本任务主要实现数据集成的操作，即进行数据的横向集成和纵向集成。大多数情况下，一个数据源并不能满足需要，有时候需要两个甚至更多的源合并起来进行数据挖掘。而数据集成就是对数据进行合并的操作，包括横向集成（也称数据的合并）和纵向集成（也称数据的追加）。

其中，两份或多份数据依次头尾连接，称为数据的纵向集成。数据的纵向集成是在数据尾部不断追加样本的过程。两份或多份数据依次左右连接称为数据的横向集成。数据的横向集成是在数据的右侧不断追加变量的过程。

4.2.2 工作准备

数据源已经进行了读取数据源的操作。前期的数据流图如图4.2.2所示。

图 4.2.2　前期的数据流图

4.2.3 实施过程

1. 数据纵向合并

前期准备工作已经读入了客户信息1和客户信息2这两个工作表的数据，将两节点分别命名为客户信息1和客户信息2。

（1）选择"记录选项"选项卡中的"追加"节点，将其添加到两个Excel节点的后面。鼠标右击"追加"节点，选择弹出菜单中的"编辑"选项进行节点的参数设置，打开后包括"输入""追加"和"注释"三张选项卡。

（2）在"输入"选项卡中设置数据纵向合并的数据源，其配置如图4.2.3所示。

数据纵向合并

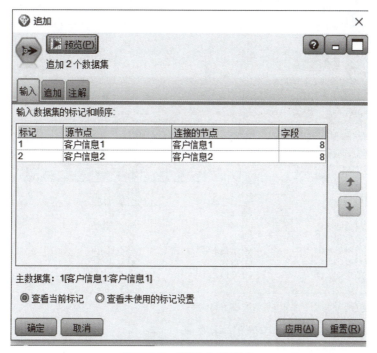

图 4.2.3 "输入"选项卡

其中：
- 标记：数据源标号。给出了多个数据集纵向合并的前后顺序。标记值最小的表，其数据排在最前面（如本例 telephone1），标记值最大的表，其数据排在最后面（telephone2），可通过界面右侧上下箭头按钮调整这个顺序。Modeler 默认标记值为 1 的表为主数据集，意味着如果多份数据的变量名不一致或变量个数不同，则合并后新数据表的变量名和变量个数默认与主数据集相同。
- 源节点：数据源节点的名称。本例中分别为 telephone1 和 telephone2。
- 已连接的节点：连接到"追加"节点的节点名称。
- 字段：数据源包含的变量个数。如本例中两份数据的变量个数均为 6。

（3）在"追加"选项卡中设置数据纵向合并的关键参数，如图 4.2.4 所示。

Modeler 以列表形式显示各数据集包含的变量名。输出字段为合并后的新数据集，后续依次为不同标记值所对应的不同数据源。本例中，由于两数据源包含的变量名、变量顺序和变量个数完全一致，所以新数据集的结构只需照旧复制即可，这使数据纵向合并的操作大大简化。

数据的纵向合并应确保两份或多份数据的合并是有实际意义的，相同含义的变量最好取相同的变量名，并且变量的存储类型要一致。

"追加"选项卡设置参数的时候，应注意以下选项：
- 字段匹配依据。指定不同数据源变量的对应关系。"位置"表示按数据源变量排列的原有顺序——匹配变量，意味着不同数据源相同位置上的变量（名称可能不同）匹配；"名称"表示按变量名称对接。如果不能保证两份数据的变量排列顺序完全一致，应选择"名称"项，如图 4.2.5 所示。

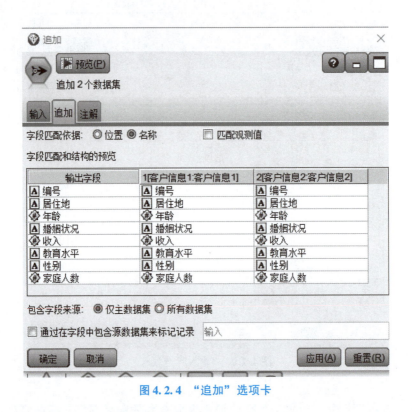

图 4.2.4 "追加"选项卡

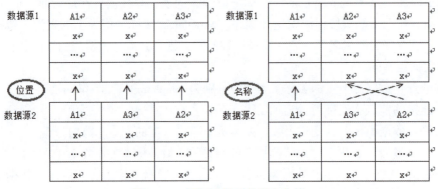

图 4.2.5 不同参数下的纵向合并

● 包含字段来源：指定新数据集的变量来源。"仅主数据集"表示数据集的变量只来自主数据集；"所有数据集"是各个表变量名的并集。

"通过在字段中包含源数据集来标记记录"表示在新数据集中自动增加一个变量名（默认为输入的变量），存储标记值以说明样本来自哪个数据源。

（4）"表格"节点查看数据，如图 4.2.6 所示。

将"表格"节点放到"追加"节点后面，单击"运行"按钮，查看数据。可看到，追加后的数据变成了 1 000 条记录，8 个字段，实现了数据的纵向集成。

图 4.2.6 追加后查看数据

2. 数据横向合并

数据横向合并通常要求多个数据源应至少存在一个同名变量，该变量称为关键字，是数据横向合并的重要依据。一般只有关键字取值相同的样本才可以左右对接。

数据横向合并

在前面数据纵向合并中，已经集成了 telephone.xlsx 的前两个文件，这里继续将第三个文件横向合并。

（1）读入 telephone.xlsx 的第三个工作表"业务信息"，并将该节点命名为业务信息。选择"记录选项"选项卡中的"合并"节点，将其放到"追加"节点的后面。右击"合并"节点，选择弹出菜单中的"编辑"选项进行节点的参数设置。合并节点的参数设置可在"输入""合并""过滤""优化"和"注解"五个选项卡中进行。

（2）在"输入"选项卡中设置数据横向合并的数据源。其配置如图 4.2.7 所示。

- "合并"节点的"输入"选项卡以列表形式依次显示以下内容：标记：数据源标号，给出了多个数据集横向合并的左右顺序，标记值最小的数据排在最左边（如本例为"追加"），标记值最大的数据排在最右边（如本例为"telephone3"）。可通过界面右侧上下箭头调整这个顺序。默认标记值为 1 的数据为主数据集，合并后新数据集的关键字取主数据集的关键字名和关键字值。
- "源"节点：数据源节点的名称。本例中，两个数据源节点分别为"追加"和"telephone3"。
- 连接的节点：连接到"合并"节点的节点名称。
- 字段：数据源包含的变量个数，本例中两份数据的变量个数分别为 8 和 9。

（3）在"合并"选项卡中设置数据横向合并的关键参数，如图 4.2.8 所示。

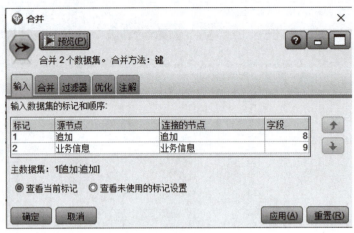

图 4.2.7 "输入"选项卡

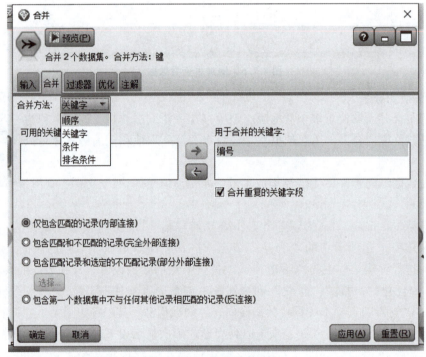

图 4.2.8 "合并"选项卡

"合并"选项卡设置参数的时候，应注意以下选项：

• 合并方法：指定数据横向合并的方式。"顺序"表示按照样本排列的原有顺序——对接数据。横向对接只有关键字取值相同的样本可以左右对接，从而防止张冠李戴的现象发生。如图 4.2.9 所示。

• 可用的关键字：显示两份或多份数据中的同名变量，本例中为"编号"。这些变量名可能成为横向合并的关键字。

• 用于合并的关键字：显示用户指定的横向合并的关键字，本例中为"编号"。

• 合并重复的关键字段：当指定多个关键字时，此选项确保只有一个具有该名称的输出字段。默认情况下，此选项为启用状态。

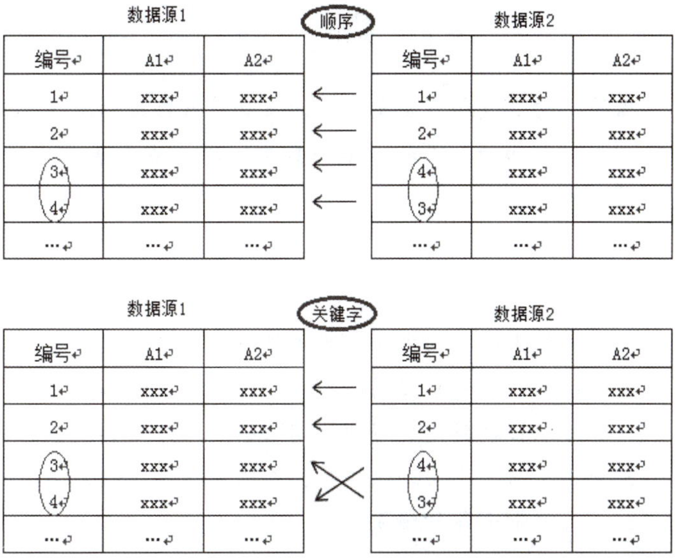

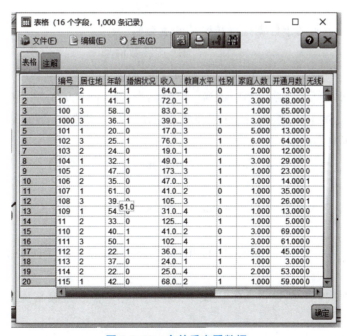

图 4.2.9　不同参数下的横向合并

• 可用的关键字：显示两份或多份数据中的同名变量。本例中为“编号”。这些变量名可能成为横向合并的关键字。

• 用于合并的关键字：显示用户指定的横向合并的关键字。本例中为“编号”。

（4）表格节点查看数据。将“表格”节点放到“合并”节点后面，单击“运行”按钮，查看数据，如图 4.2.10 所示。

	编号	居住地	年龄	婚姻状况	收入	教育水平	性别	家庭人数	开通月数	无线
1	1	2	44....	1	64.0...	4	0	2.000	13.000	0
2	10	1	41....	1	72.0...	1	0	3.000	68.000	0
3	100	3	58....	0	83.0...	2	1	1.000	65.000	0
4	1000	3	36....	1	39.0...	3	1	3.000	50.000	0
5	101	1	20....	0	17.0...	3	0	5.000	13.000	0
6	102	3	25....	1	76.0...	3	1	6.000	64.000	0
7	103	2	24....	0	19.0...	1	0	1.000	12.000	0
8	104	1	32....	1	49.0...	4	1	3.000	29.000	0
9	105	2	47....	0	173....	3	1	1.000	23.000	0
10	106	2	35....	0	47.0...	3	1	1.000	14.000	1
11	107	1	61....	0	41.0...	2	0	1.000	35.000	0
12	108	3	39....	0	105....	3	1	1.000	26.000	1
13	109	1	54....	0	31.0...	4	0	1.000	13.000	0
14	11	2	33....	0	125....	4	1	1.000	5.000	0
15	110	2	40....	1	41.0...	2	0	3.000	69.000	0
16	111	3	50....	1	102....	4	1	3.000	61.000	0
17	112	2	22....	1	36.0...	4	1	5.000	45.000	0
18	113	2	37....	0	24.0...	1	1	1.000	3.000	0
19	114	2	22....	0	25.0...	4	0	2.000	53.000	0
20	115	1	42....	0	68.0...	2	1	1.000	59.000	0

图 4.2.10　合并后查看数据

从图中可看到，追加后的数据变成了 1 000 条记录，16 个字段，实现了数据的横向集成。

知识点提炼

数据集成包括数据的纵向集成和横向集成。两份或多份数据依次头尾连接，称为数据的纵向集成。通常使用"追加"节点。两份或多份数据依次左右连接，称为数据的横向集成。通常使用"合并"节点。

知识拓展

数据集成是经常使用的数据准备的方法，比如邮政小包投递过程中，每个地区的顾客地址和别的地区往往不是一张表，如果想要同时把两个以上地区的顾客地址放到一张表上，就需要用到数据的集成，其可以帮助我们更好地使用数据进行分析和挖掘。但是在面对不同标签的细小设置的时候，一定要注意，要细致谨慎，否则，一不小心就会把文件都搞错，从而不能正确地集成数据，反而会带来各种错误。

任务评估

习　题

1. 表示人年龄的变量类型属于（　　）。
   A. 二分类型　　　　　　　　B. 连续数值型
   C. 多分类型　　　　　　　　D. 无类型
2. 下面（　　）不属于数据挖掘角度的变量类型。
   A. 二分类型　　　　　　　　B. 连续数值型
   C. 多分类型　　　　　　　　D. 字符串型
3. 选取学生参加某次公益活动的数据（文件名为 Students. xlsx）。

（1）分别读入 Students 和 Students 成绩两个工作表，过滤掉 Students 表中的 C6 和性别，并对两个表进行实例化操作。

（2）选取＿＿＿＿＿＿＿节点对 Students 和 Students 成绩两个工作表中的数据进行集成操作。

（3）分别读入 NewStudents 和 NewStudents 成绩两个工作表，并对两个节点进行实例化操作。

（4）选取＿＿＿＿＿＿＿节点对 NewStudents 和 NewStudents 成绩两个工作表中的数据进行集成操作。

（5）对前面两次合并结果再做集成操作，指出所用节点。观察集成后的数据。数据流图如图 4.2.11 所示。

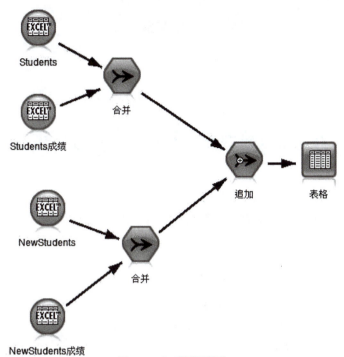

图 4.2.11 数据流图

学生评价

任务2	实现数据集成		
评价项目	评价标准	分值	得分
掌握纵向集成的方法	用"追加"节点实现纵向集成	10	
掌握横向集成的方法	用"合并"节点实现横向集成	10	
根据需求成功处理	符合需求	10	
处理前后数据分布的变化	集成后数据的变化	10	
严谨细致的操作	能细心、严谨地设置好参数	10	
合计		50	

教师评价

任务2	实现数据集成	
评价项目	是否满意	如何改进
知识技能的讲授		
学生掌握情况百分比		
学生职业素质是否有所提高		

习题答案

1. B。
2. D。
3. 略。

任务3　理解商业数据及评估数据质量

情境描述

数据挖掘不是目的，从商业角度理解项目的需求，在这个基础上再对数据挖掘的目标进行定义。商业理解是从商业的角度理解项目需求，通过数据挖掘来帮助业务。

数据质量评估的目的是通过查看数据的相关统计量和分布，了解数据的一些特征，查找出数据的问题。主要实现以下任务：

(1)"数据审核"节点的使用和设置。
(2)质量评价报告（数据审核结果）的查看和使用。
具体任务如图4.3.1所示。

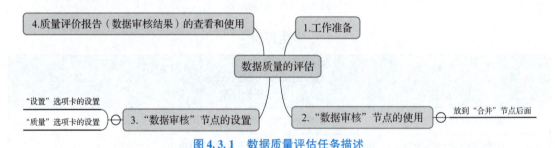

图4.3.1　数据质量评估任务描述

学习目标

通过本任务的学习，能够达成以下目标：
1. 了解不同数据的商业理解；
2. 了解数据的基本特征，对数据有更全面的了解；
3. 了解数据质量审核的意义和作用；
4. 掌握"数据审核"节点的使用方法；
5. 掌握质量评价报告（数据审核结果）的查看和使用方法；
6. 通过实现数据质量评估，培养认真负责、爱岗敬业的职业精神。

任务解析

4.3.1　数据的商业理解

以电信客户数据（telephone.xlsx）为例，数据共包含3个工作表，分别为客户信息1、客户信息2和业务信息。

其中，客户信息 1 工作表包含编号、居住地、年龄、婚姻状况、收入、教育水平、性别、家庭人数等 8 个字段（特征），共计 600 个样本数据。

客户信息 2 工作表与客户信息 1 工作表包含的字段相同，共计 1 000 个样本数据。

业务信息工作表包含编号、开通月数、无线服务、基本费用、免费部分、无线费用、电子支付、套餐类型、流失等 9 个字段，共计 1 000 个样本数据。

通过以上信息，得知此数据包括了一些客户的基本信息，以及使用的电信的业务信息，分析目标是对电信客户进行流失分析，实现客户流失预警。即通过对数据的处理、分析，以及模型构建，运用数据挖掘技术，找到流失客户的共同特征，从而针对具有相似特征的客户还未流失前，进行有针对性的弥补或者营销活动，从而避免客户流失到其他公司，起到稳定本企业客户的作用。

4.3.2 数据质量的评估

高质量数据是数据分析的前提和分析结论可靠的保障。通过数据审核，可以显示具有汇总统计量、直方图和分布图的报告，它们有助于获得对数据的初步了解，有助于对缺失值、离群值、极值点等特殊情况的数据进行评估，该报告在字段名之前还显示存储图标。

1. 工作准备

数据源已经进行了数据集成的操作，前期的数据流图如图 4.3.2 所示。

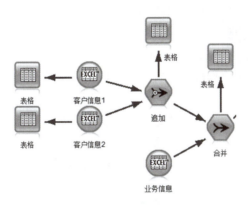

图 4.3.2　前期的数据流图

2. 任务实施

（1）"数据审核"节点的使用。

以电信客户数据为例，分析这份数据的质量，将"数据审核"节点放在"合并"节点后面。如果已完成缺失值等处理，也可进行数据质量评估，将"数据审核"节点放在"类型"节点后面，以对比处理前后数据的变化。

（2）"数据审核"节点的设置。

① "设置"选项卡：用于指定质量考察的变量，以及计算输出哪些统计指标。其配置如图 4.3.3 所示。

图 4.3.3 "设置"选项卡

可以选择"缺省",那么显示所有输入、目标和双向字段。其中,目标变量默认为交叠变量。如果交叠变量为分类型变量,则绘制的统计图能反映在该变量不同取值下其他变量的分布特征;如果交叠变量为数值型变量,则将计算该变量与其他变量的简单相关系数、相关系数 t 检验的观测值和自由度、概率 P 值以及协方差等。

使用定制字段:表示用户自行指定对哪些变量的质量进行评估。如果必要,还在交叠框中指定一个交叠变量。

根据需要决定是否选择"图形""基本统计量""高级统计量""计算中位数和众数",当数据量特别大时,后面 3 类可能会消耗很多时间。

② "质量"选项卡:用于设置反映数据质量的评价指标,以及数据离群点和极值的诊断标准等。其配置如图 4.3.4 所示。

缺失值:选中"具有有效值的记录计数",表示计算各变量的有效样本量;选中"分解具有无效值的记录计数",表示计算各变量取各种无效值的样本个数。

离群值和极值:用来指定离群点和极端值的诊断标准,其中:

"平均值的标准差"以均值为中心,取值为在默认的 3 个标准差以外的离群值,在默认的 5 个标准差以外的极值。而"输入四分位距的上/下四位数范围"表示变量值与上四分位数或下四分位数的绝对差,大于默认的 1.5 倍四分位差为离群值,大于默认的 3 倍四分位差时为极值。

本例选择"平均值的标准差"方法,并且按默认的标准进行诊断。

(3) 质量评价报告(数据审核结果)的查看和使用。运行"数据审核"节点,数据审核结果表包括"审核""质量"和"注解"3 个选项卡,如图 4.3.5 ~ 图 4.3.7 所示。

项目 4　数据准备

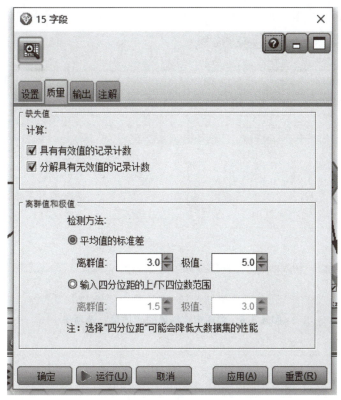

图 4.3.4　"质量"选项卡

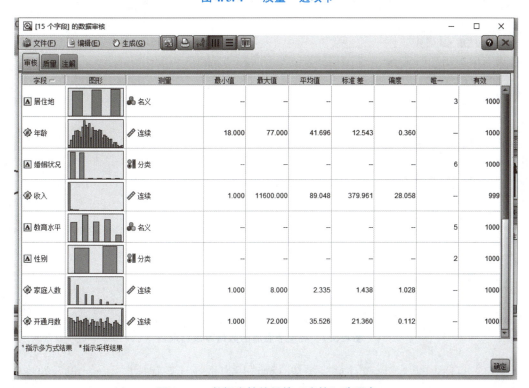

图 4.3.5　数据审核结果的"审核"选项卡

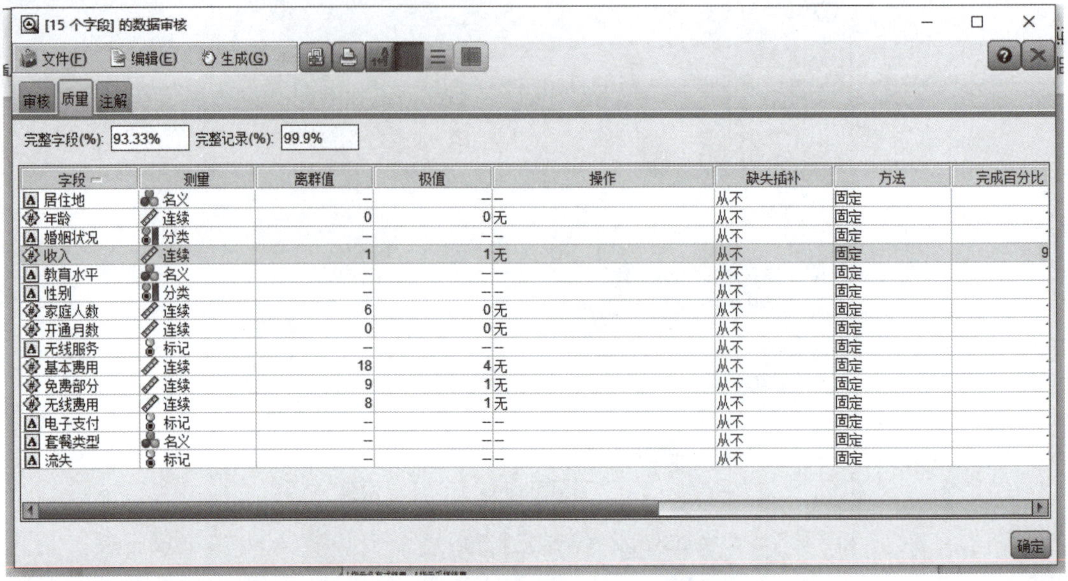

[15 个字段] 的数据审核

文件(F)　编辑(E)　生成(G)

审核　质量　注解

完整字段(%): 93.33%　完整记录(%): 99.9%

字段	测量	离群值	极值	操作	缺失插补	方法	完成百分比
居住地	名义	--	--	--	从不	固定	
年龄	连续	0	0	无	从不	固定	
婚姻状况	分类	--	--	--	从不	固定	
收入	连续	1	1	无	从不	固定	9
教育水平	名义	--	--	--	从不	固定	
性别	分类	--	--	--	从不	固定	
家庭人数	连续	6	0	无	从不	固定	
开通月数	连续	0	0	无	从不	固定	
无线服务	标记	--	--	--	从不	固定	
基本费用	连续	18	4	无	从不	固定	
免费部分	连续	9	1	无	从不	固定	
无线费用	连续	8	1	无	从不	固定	
电子支付	标记	--	--	--	从不	固定	
套餐类型	名义	--	--	--	从不	固定	
流失	标记	--	--	--	从不	固定	

确定

图 4.3.6　数据审核结果的“质量”选项卡

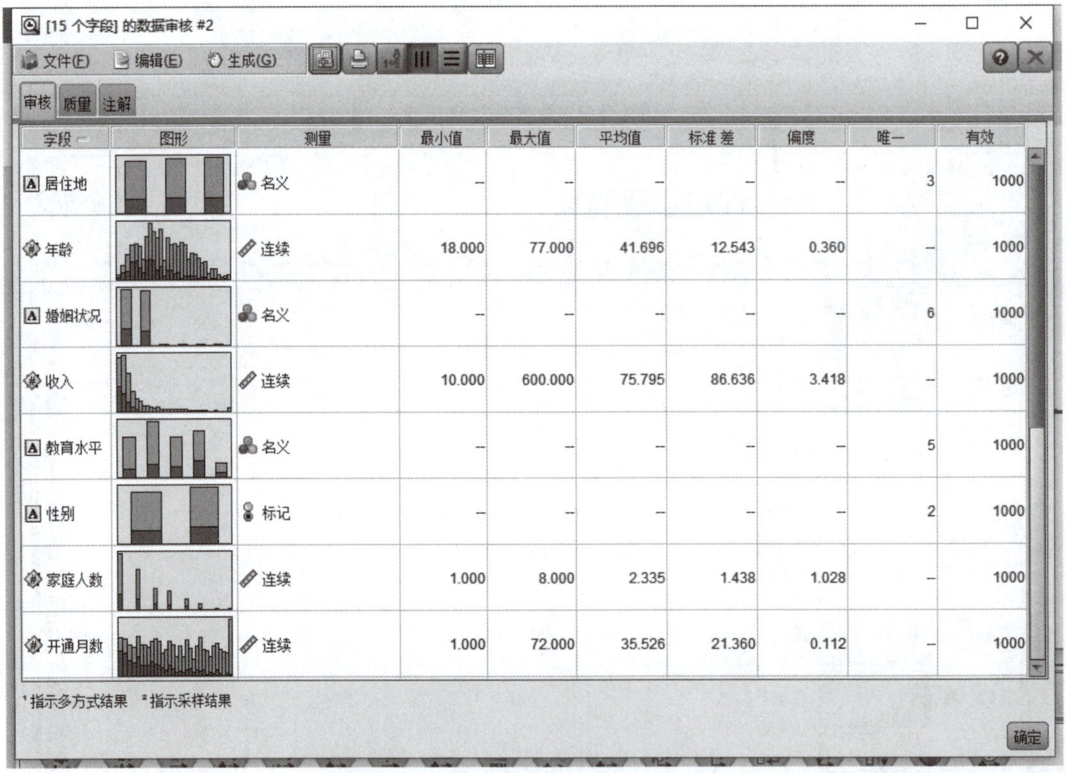

[15 个字段] 的数据审核 #2

文件(F)　编辑(E)　生成(G)

审核　质量　注解

字段	图形	测量	最小值	最大值	平均值	标准差	偏度	唯一	有效
居住地		名义	--	--	--	--	--	3	1000
年龄		连续	18.000	77.000	41.696	12.543	0.360	--	1000
婚姻状况		名义	--	--	--	--	--	6	1000
收入		连续	10.000	600.000	75.795	86.636	3.418	--	1000
教育水平		名义	--	--	--	--	--	5	1000
性别		标记	--	--	--	--	--	2	1000
家庭人数		连续	1.000	8.000	2.335	1.438	1.028	--	1000
开通月数		连续	1.000	72.000	35.526	21.360	0.112	--	1000

[1]指示多方式结果　[2]指示采样结果

确定

图 4.3.7　类型节点后的数据审核结果

窗口工具栏中的“显示统计量”按钮，允许用户选择计算其他描述统计量，如峰度系数等。“垂直条”和“水平条”可以指定统计图形的显示方向为纵向或横向，鼠标单击各列的标题处，可按相应内容排序输出。

图4.3.5和图4.3.6都是"合并"节点后面的数据审核结果，而图4.3.7是在"类型"节点后面的数据审核节点，即在数据缺失值处理、变量角色说明等之后的数据质量评估。

图4.3.7中深色部分表示输出变量（是否流失）取"1"的情况。可以看出，流失客户在各变量不同取值上都有分布。例如，图形粗略显示，在开通月数变量上，开通月数比较短的客户，其流失比例相对较大，而在其他变量上的分布差异并不十分明显。另外，"收入"变量呈现明显的右偏不对称分布。

在数据质量评估中，应重点关注"有效"列。从图4.3.5和图4.3.6中可以看出，收入变量的有效值为999，其余变量均为1 000，收入变量有一个极值点。从图4.3.7中可以看出，经过处理，所有变量有效取值个数都为1 000，达到100%。

任务结束后，数据流图如图4.3.8所示。其中，左边两个框内为本任务实现的内容，右边框内是下一个任务实现的内容。

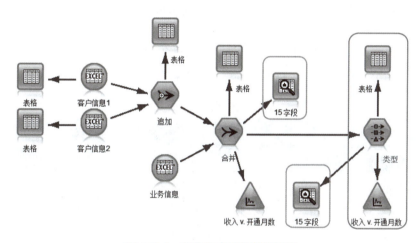

图4.3.8　任务结束后的数据流图

知识点提炼

通过数据审核，可以显示具有汇总统计量、直方图和分布图的报告，有助于快速了解数据，并对数据进行评估。

知识拓展

数据有四个基本特征：时效性、分散性、概率性和再创性。了解和把握好数据的特征，才能做好后面的数据分析和挖掘。

对于数据质量审核的结果，Modeler以列表形式依次显示了指定变量的变量名、统计图形、计量类型。结果显示了数值型变量的最小值、最大值、均值、标准差、偏度系数以及分类型变量的类别值个数和有效样本量。

任务评估

习　题

1. "数据审核"节点可以计算数值型变量的（　　）。

　　A. 最大值　　　　B. 平均值　　　　C. 标准差　　　　D. 极差

2. 有一组数据：2，4，9，13，18，19，23，27，30，35，38，如果对该组数据进行四分位，那么第一分位数、中位数和第三分位数分别是（　　）。

　　A. 30，35 和 38　　B. 18，19 和 23　　C. 1，2 和 3　　D. 9、19 和 30

3. 选取学生参加某次公益活动的数据（文件名为 Students.xlsx），并在任务 3 的数据流基础上进行训练。

　（1）将"数据审核"节点放到"追加"节点的后面，将节点命名为"数据审核1"。

　（2）编辑"数据审核1"节点，"是否参与"为交叠变量，显示其他变量的基本统计量和图形，要求在"质量"选项卡中选择"具有有效值的记录计数"和"分解具有无效值的记录计数"。

　（3）运行"数据审核1"节点，观察"是否参与"与哪些变量相关性更大？观察各变量的有效值百分比。观察 3 门课成绩的偏度，哪门课考试结果更好？

学生评价

任务3	理解商业数据及评估数据质量		
评价项目	评价标准	分值	得分
了解数据的基本特征	时效性、分散性、概率性和再创性	10	
了解数据质量审核的意义和作用	了解数据的一些特征，查找出数据的问题	10	
掌握"数据审核"节点的使用	正确实现相关设置	10	
掌握质量评价报告	符合需求	10	
处理前后数据分布的变化	不再有异常行为的事件	10	
合计		50	

教师评价

任务3	理解商业数据及评估数据质量	
评价项目	是否满意	如何改进
知识技能的讲授		
学生掌握情况百分比		
学生职业素质是否有所提高		

习题答案

1. ABCD。
2. D。
3. 略。

任务 4　数据清洗

情境描述

数据清洗主要是处理问题数据,比如缺失值、无效数据等,现在处理"收入"的无效值。主要实现以下任务:

(1) 通过绘制散点图,找到孤立点。

(2) 根据实际需求对孤立点及缺失值进行处理。

具体任务如图 4.4.1 所示。

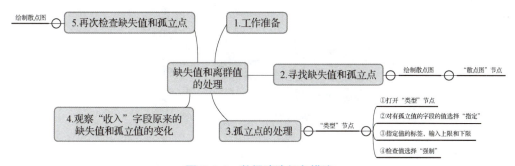

图 4.4.1　数据清洗任务描述

学习目标

通过本任务的学习,能够实现以下目标:

1. 了解数据清洗的基本任务;
2. 了解孤立点,知道在什么场景下可以利用孤立点;
3. 了解数据质量审核的意义和作用;
4. 在尊重源数据的前提下,科学地处理孤立点和缺失值;
5. 提高对数据的敏感性,感知处理前后数据分布的变化;
6. 掌握类型节点的使用方法;
7. 在清洗数据过程中获得成就感,从而更加热爱本专业。

任务解析

4.4.1　数据清洗

本任务主要实现对数据的清洗,即进行缺失值和离群值的处理。不合理的数据会减少模型的拟合，或者可能导致模型偏差，因为没有正确地分析变量的行为和关系，可能导致错误的预测或分类。当然，在一些应用中，罕见的事件可能比正常事件更令人感兴趣，比如欺诈检测等。

孤立点指的是在数据集中与大多数数据的特征不一致的数据，而缺失值包括 null 值、空格和空串。它们与数据的一般行为或模型不一致，也称为离群点。使用散点图等可视化图形可以形象、直观地展示出孤立值点。

所以，对于缺失值和离群值的处理，可以根据实际需求选择下面几种方式：

(1) 正确处理孤立点和缺失值。

(2) 视为噪声而丢弃。

(3) 合理利用。

4.4.2 工作准备

数据源已经进行了数据集成的操作，并完成数据质量的评估。前期的数据流图如图 4.4.2 所示。

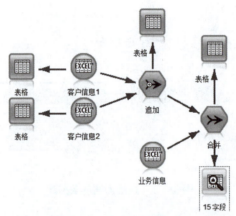

图 4.4.2 前期的数据流图

4.4.3 任务实施

1. 寻找缺失值和孤立值点

通过绘制散点图，观察数据，寻找"收入"的孤立点。

具体操作为：将"散点图"节点直接拖放至"追加"节点之后，其配置如图 4.4.3 所示。

于是得到处理孤立点之前，收入、开通月数与流失的散点图，如图 4.4.4 所示。由图中可以明显看出，由于"收入"中某些取值偏大，导致整体数据的分布出现异常。

2. 孤立点的处理

使用类型节点对缺失值和孤立点进行处理。

(1) 右击"类型"节点，选择"编辑"，对有孤立值的字段的值进行指定。出现如图 4.4.5 所示的设置界面。

孤立点和缺失值的处理

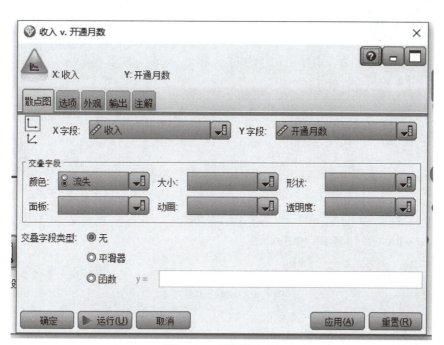

图 4.4.3　设置散点图

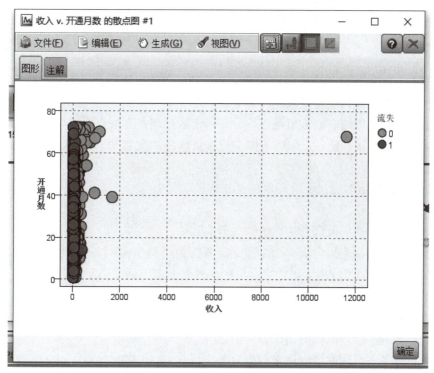

图 4.4.4　处理孤立点之前的散点图

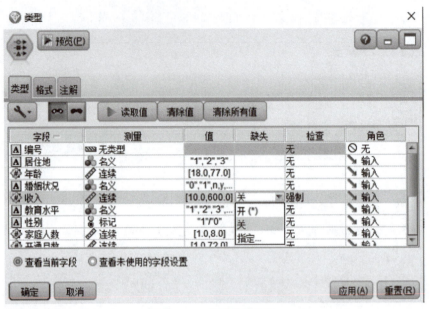

图 4.4.5 编辑类型节点

"收入"变量的调整过程：
- 在相应变量行的"缺失"列中，选择"指定"选项，出现如图 4.4.6 所示的窗口。
- 测量：显示当前变量的计量类型和存储类型。
- 值：用来指定确定变量取值范围的方法。

"类型"节点的"缺失"列的选项：

其中：
- 开(*)：表示允许相应变量取用户缺失值和系统缺失值，并且不进行调整。
- 关：表示不允许相应变量取用户缺失值。
- 指定：说明变量的有效取值范围等，并指定数据调整方法。

(2) 指定值和标签，输入上限和下限，检查值选择"强制"，如图 4.4.6 所示。

窗口选项说明：

检查值：选择指定对变量不合理值的调整方法。其中
- 无：不进行调整。
- 无效：将用户缺失值调整为系统缺失值 $null$。
- 强制：表示调整为指定值。标志型变量调整为"假"类对应的值。名义型变量调整为第一个变量值。数值型变量大于指定上限的，调整为上限值；小于指定下限的，调整为下限值；其余值调整为（最大值+最小值）/2。这里选择该选项。
- 丢失：剔除相应样本数据。
- 警告：遇到不合理取值时给出警告信息。
- 终止：遇到不合理取值时终止数据流的执行。

定义空白：选中该选项，表示视缺失值表所列值、某区间内的连续值、$null$、空格为空。其中：

图 4.4.6 孤立点的处理 – 选择"指定"后的窗口

- "缺失值"框用于输入离散值。
- "范围"用于输入连续区间。
- "空"和"空白":分别表示 $null$ 和空格。

这里不勾选该选项。

"读取数据"表示取决于所读的源数据。"传递"表示忽略所读的源数据。"指定值和标签"表示人为指定变量取值和变量值标签。用户可根据当前变量的实际意义,手动指定其合理的取值,这里最小值和最大值分别设置为 10 和 600,并在"标签…"提示框中输入关于变量值含义的简短说明文字。

3. 再次检查缺失值和孤立点

按照步骤 2 的方法,再次制作散点图进行查看,如图 4.4.7 所示。

4. "类型"节点的其他功能

(1) 变量的实例化。

数据读入时,变量需要进行实例化;当数据源节点中的数据有更新,或数据流派生出一些新的变量,或进行了数据集成操作,或原有变量的类型有了调整时,需要重新实例化。

首先,右击"类型"节点,选择"编辑","类型"选项卡在读取值之前如图 4.4.8 所示,读取值之后如图 4.4.9 所示。

其次,注意实例化前后"测量"部分的变化,也就是数据类型的变化。

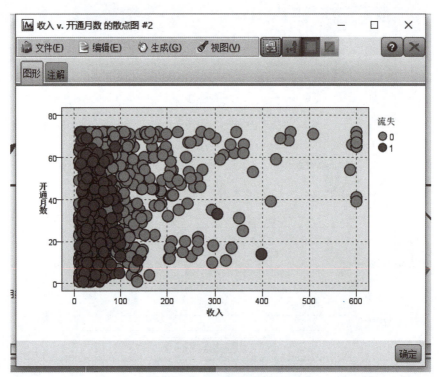

图 4.4.7　处理后的散点图

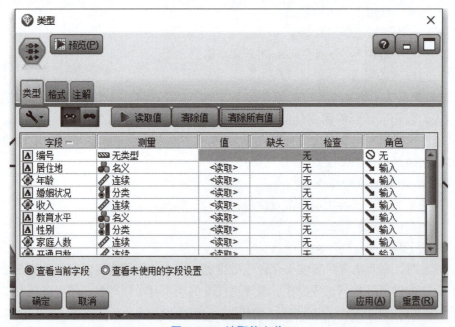

图 4.4.8　读取值之前

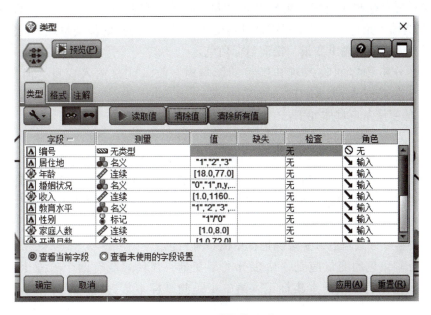

图 4.4.9 读取值之后

最后，如果源数据的值有变动，在这里可以先"清除所有值"，再一次"读取值"，即可对数据重新实例化。

如果源数据只是某变量的变动，可以单击该变量的"值"，从下拉菜单中单击"读取+"，如图 4.4.10 所示。这样就可以读入新数据。

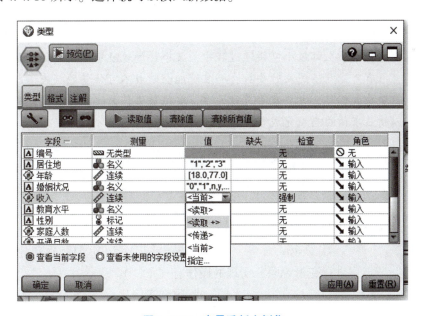

图 4.4.10 变量重新实例化

（2）变量角色的说明。

变量角色是指变量在模型建立时的角色。变量的角色不同，其作用也不同。

模型建立时，有些变量用于解释其他变量，称为解释变量或自变量，也即输入变量，Modeler 称其为输入角色；有的变量需被其他变量解释，称为被解释变量或因变量，Modeler 称其为目标变量，也称输出变量，扮演目标角色。

例如，在分析顾客的收入对其销售的影响时，收入就是输入变量，消费就是目标变量。

Modeler 的变量角色具体如下：

输入：作为输入变量。

目标：作为目标变量。

两者：某些模型中有的变量既可以作为输入变量，也可以作为目标变量。例如，在根据顾客的收入和消费数据将顾客划分成不同顾客群的分析中，收入和消费既是输入变量，也是目标变量，担当着"两者"角色。

分区：样本及分割角色，是数据挖掘中的特有角色。

样本及分割角色的变量应是一个多分类型变量，并且只能有两个或三个变量值。其中，第一个变量值是训练样本集标记，第二个是测试样本集标记，第三个是验证样本集标记。

无：如果某变量不参与数据建模，则可指定它为无角色。无类型变量默认为无角色。

在 Telephone.xlsx 所有变量中，流失为输出变量，其他变量为输入变量。

知识点提炼

"类型"节点可以实现 3 个功能：实例化，缺失值和孤立值的处理，角色确定。

知识拓展

对于数据缺失，如果在邮政小包投递过程中，某个详细地址项缺失的话，那么对于投递是很有难度的，很可能就不能及时妥投，而且可能会造成不可估量的损失。所以，要避免出现缺失值，出现缺失值时，也要及时进行处理，要把数据作为企业最重要的资产看待，坚持细致耐心，以精益求精的态度完成各项任务。

任务评估

习 题

1. 变量的实例化使用的是（　　）节点。

　A. 填充　　　　　B. 类型　　　　　C. 导出　　　　　D. 重新分类

2. "类型"节点可进行变量说明，实现的操作有（　　）。

　A. 实例化　　　　　　　　　　　　B. 重新实例化

　C. 调整缺失值　　　　　　　　　　D. 变量角色的指定

3. 选取学生参加某次公益活动的数据（文件名为 Students.xlsx），并在任务 5 的数据流基础上进行训练。

（1）将"类型"节点拖放至"合并"节点后面。

(2)将变量实例化。

(3)作出家庭人均年收入、在校综合评价指数及是否参与社会活动的散点图。

(4)强制将家庭人均年收入的最大值设置为100 000,最小值设置为10 000。要求:

①观察家庭人均年收入原来大于100 000值处理后为多少,原来的小于10 000的值处理后为多少,原来的 \$null\$ 处理后为多少。

②再次作出家庭人均年收入、在校综合评价指数及是否参与社会活动的散点图。

③比较两次散点图的变化。

(5)根据实际需要,为 students 表中的各个变量进行说明,应该为输出变量的是什么?

(6)输入变量又有哪些?

(7)你的依据是什么?

学生评价

任务4	数据清洗		
评价项目	评价标准	分值	得分
找到孤立点的方法	聚类、散点图	10	
类型节点的3个功能	变量实例化、处理异常值、分配变量角色	10	
处理孤立点和缺失值的方法	视为无效值、指定值、丢弃	10	
根据需求成功处理	符合需求	10	
处理前后数据分布的变化	不再有异常行为的事件	10	
合计		50	

教师评价

任务4	数据清洗	
评价项目	是否满意	如何改进
知识技能的讲授		
学生掌握情况百分比		
学生职业素质是否有所提高		

习题答案

1. B。

2. ABCD。

3. 略。

任务 5　数据变换

情境描述

数据变换要对数据做相应的数据处理,以满足后续数据分析及挖掘的需要。主要包括:

1. 连续数据的处理

实现无指导的数据分箱。现在对"收入"字段进行分箱处理,主要实现以下任务:

(1) 对"收入"字段进行四分位数分组。
(2) 查看分组后的数据。
具体任务如图 4.5.1 所示。

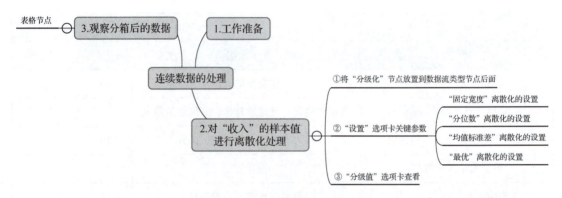

图 4.5.1　数据分箱任务描述

2. 分类数据的处理

分类数据的处理主要是对分类型变量的类别取值进行调整。现在处理"婚姻状况"的取值,主要实现以下任务:

(1) 使用"重新分类"节点进行变量类别值的调整。
(2) 根据实际需求进行相关的参数设置,以实现数据的取值的调整。
具体任务如图 4.5.2 所示。

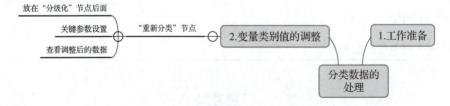

图 4.5.2　分类数据处理任务描述

3. 数据转置

ExportApple.sav 文件的数据如图 4.5.3 所示。

项目 4　数据准备

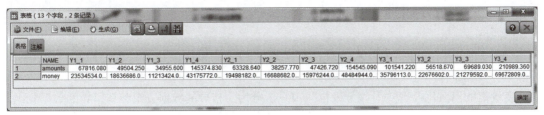

图 4.5.3　ExportApple.sav 文件的数据

这里展示了三年里每个季度苹果的出口量和出口额。这是一个有时间序列的数据，可以看出每个序列是一行，而不是一列，这里要分析的是出口量 amounts 和出口额 money，所以出口量和出口额应该是变量（字段），需要将数据进行转置。主要实现以下任务：

（1）使用"转置"节点进行数据转置的操作。

（2）根据实际需求进行相关的参数设置，以实现数据的转置。

具体任务如图 4.5.4 所示。

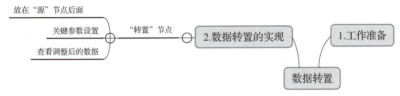

图 4.5.4　数据转置任务描述

学习目标

通过本任务的学习，能够达成以下目标：

1. 理解数据分箱的意义；
2. 理解有指导分组的原理；
3. 了解"重新分类"节点的作用；
4. 理解数据转置的意义；
5. 掌握"分级化"节点的操作方法；
6. 掌握"重新分类"节点的操作方法；
7. 掌握"转置"节点的操作方法；
8. 在数据变换过程中，要注意严谨、细致的操作，培养工匠精神。

【任务解析一】　连续数据的处理

4.5.1　数据的分箱

本任务主要实现数据分箱的操作。分箱也叫分组，可以实现对大量样本的精简处理。当样本值数量巨大的时候，有必要对其进行分箱的处理，以更快速、高效地进行后面的算法实现，达到挖掘的目的。

分箱处理的必要性：

（1）提高数据挖掘中海量数据的处理效率。通过减少变量取值个数实现数据精简。

（2）并非所有数据挖掘方法都支持对数值型变量的分析，为适应算法要求而进行处理也是必要的。

（3）数据隐私。敏感类个人信息（如工资）可采用范围的报告形式，而不使用实际工资数字，以保护个人隐私。

变量值的离散化处理使用"分级化"节点。分为无指导的数据分组和有指导的数据分组。

1. 无指导的数据分组

（1）组距分组：等距分组。

组距分组是数据分箱的最基本方法，包括等距分组和非等距分组。

等距分组是指各组别的上限与下限的差，即组距均是相等的。例如，收入数据按组距500元划分成若干组，就是等距分组。

非等距分组是指各组别的组距不全相等。例如，通常人口研究中的年龄段分组就是典型的非等距分组。

确定组数和组距是组距分组的关键。应对变量取值有全面的了解，同时还要满足数据分析的实际需要。

应注意的是，分组后的数据如果在后续建模中作为输入变量，用于对输出变量的分类预测，那么不恰当的组距分组可能会使某些组的样本量很多，而另外一些组的样本量很少。这种情形对后续分类模型的建立是极为不利的，因为模型对少量样本组的学习存在"先天不足"。

（2）分位数分组：每组样本量相同。

分位数是将总体的全部数据按大小顺序排列后，处于各等分位置的变量值。

如果将全部数据分成相等的两部分，它就是中位数；如果分成四等份，就是四分位数；如果分成八等份就是八分位数等。

四分位数也称为四分位点，它是将全部数据分成相等的四部分，其中每部分包括25%的数据，处在各分位点的数值就是四分位数。

分位数分组后，各组的样本量理论上是相同的。但有时也会出现例外，例如，进行四分位分组时，如果有30%的样本的变量值都等于某个值，那么通常应将这30%的样本划分在同一组内，以确保取值相同的观测处在同一组，由此导致的必然结果是该组样本量偏大，虽然不尽理想，但仍是较为合理的策略。

（3）均值标准差分组。

均值标准差分组以变量均值为中心，加减1个（或2个或3个）标准差的值为组限，将变量值分为3组（或5组或7组）。

2. 有指导的数据分组

有指导的数据分组是指对数值型变量分组时，考虑分组结果对其他变量的影响。就是说，数值型变量的分组是在其他相关变量指导下进行的。

Modeler中有指导的数据分组方法主要是基于最短描述长度原则（Minimum Description Length Principle，MDLP）的熵分组。

（1）信息熵定义：在样本集合S中，对于一个具有k个类别的输出变量C，设其取第i个类别的概率为$P(C_i,S)$，则

$$\text{Ent}(S) = -\sum_{i=1}^{k} P(C_i,S) \log_2(P(C_i,S)) \quad (4.5.1)$$

(2) 熵是刻画信息量的，刻画样本纯度。熵越小，纯度越高，不确定小；熵越大，越不容易被预测，不确定性大。

(3) 对于输入变量 A（待分组变量），指定一个组限值 T，将样本集合 S 划分为 S_1 和 S_2，则分组后信息熵为

$$\mathrm{Ent}(A, T; S) = \frac{|S_1|}{|S|}\mathrm{Ent}(S_1) + \frac{|S_2|}{|S|}\mathrm{Ent}(S_2) \qquad (4.5.2)$$

(4) 信息增益。

信息增益 = 分组前的信息熵 – 分组后的信息熵。

$$\mathrm{Gains}(A, T; S) = \mathrm{Ent}(S) - \mathrm{Ent}(A, T; S) \qquad (4.5.3)$$

分组前的信息熵越大，分组后的信息熵越小，于是信息增益（Gains）越大。

(5) 举例。

超市记录了 14 名顾客在某类商品前停留挑选的时间（秒钟）及其年龄段、性别和最后是否购买。目的是研究超选时间和其他因素对顾客的购买决策有怎样的影响。数据按挑选时间排序后的结果见表 4.5.1。

共两个类别：9 个 yes，5 个 no。

表 4.5.1 超市记录表

挑选时间	64	65	68	69	70	71	72	72	75	75	80	81	83	85
年龄段	B	A	A	C	B	B	C	C	C	A	B	A	A	C
性别	1	1	0	1	0	0	0	0	1	0	1	1	0	0
是否购买	yes	yes	yes	no	yes	yes	yes	yes	no	no	yes	no	no	yes

1) 根据式 (4.5.1)，计算分组前输出变量 C 的熵。

$$\mathrm{Ent}(S) = -\sum_{i=1}^{k} P(C_i, S)\log_2(P(C_i, S)) = -\frac{9}{14}\log_2\frac{9}{14} - \frac{5}{14}\log_2\frac{5}{14} = 0.940\,2$$

2) 根据式 (4.5.2)，计算分组后输出变量 C 的熵。

组限值 T 等于 80.5，通常组限值可设为两相邻值的平均。小于等于 80.5 的为一组，大于 80.5 的为一组。

分组后输出变量 C 的熵：

$$\mathrm{Ent}(A, T; S) = \frac{|S_1|}{|S|}\mathrm{Ent}(S_1) + \frac{|S_2|}{|S|}\mathrm{Ent}(S_2)$$

$$= \frac{11}{14}\left(-\frac{8}{11}\log_2\frac{8}{11} - \frac{3}{11}\log_2\frac{3}{11}\right) +$$

$$\frac{3}{14}\left(-\frac{1}{3}\log_2\frac{1}{3} - \frac{2}{3}\log_2\frac{2}{3}\right)$$

$$= 0.860\,9$$

3) 根据式 (4.5.3),计算信息增益

$$\text{Gains}(A,T;S) = \text{Ent}(S) - \text{Ent}(A,T;S) = 0.940\,2 - 0.860\,9 = 0.079\,3$$

容易理解在组限值 T 所划分的组 S_1 和 S_2 中,如果输出变量 C 分别都取 yes 和 no,那么这个组限值 T 对预测输出变量 C 的取值来说是最理想的,此时的熵最小信息增益最大。可见信息增益越大,说明依据组限制 T 分组输入变量 A 越有意义。

按照上述计算方法可分别计算出组限值 T 所有可能值分组后的熵和信息增益。然后选择信息增益最大且有意义的组限值先进行分组。这个过程在所得的各个分组中不断重复。

不难想象,上述分组过程不断重复的最终结果是每个样本自成一组,事实上,这样的分组结果是没有意义的。也就是说,上述分组过程应依据某个原则或标准,在某个时刻停止,这个原则就是 MDLP。

4.5.2 工作准备

数据源已经进行了数据集成的操作,并完成数据质量的评估,同时进行了数据清洗的操作。前期的数据流图如图 4.5.5 所示。

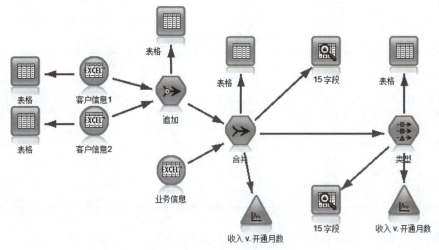

图 4.5.5 前期的数据流图

4.5.3 任务实施

1. "设置"选项卡

通过使用"分级化"节点,对"收入"的样本值进行离散化处理。

具体操作为:将"分级化"节点直接拖放至"类型"节点之后,右击鼠标,选择弹出菜单中的"编辑"选项,进行节点的参数设置。"分箱"节点的参数设置包括"设置""分级值"和"注解"三个选项卡。具体操作如下:

连续数据的分箱处理

(1) 分级字段。此处将显示待转换的连续(数值范围)字段。使用分级节点,可以同时对多个字段进行分级。使用右侧的按钮可添加或删除字段,这里选择"收入"。

(2) 分级方法。选择用于确定新字段分级(类别)的分割点的方法,包括:

1) 固定宽度。对话框中会显示一组新的选项,如图 4.5.6 所示。

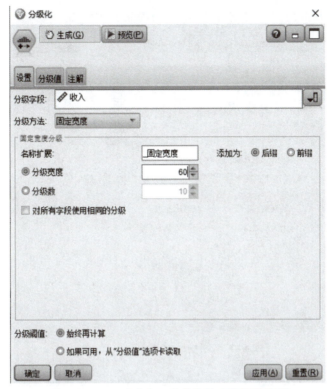

图 4.5.6 "固定宽度"离散化处理的设置选项

- 名称扩展。指定要用于所生成字段的扩展名。_BIN 是默认扩展名。还可以指定将扩展部分添加到字段名的开头（前缀）还是末尾（后缀）。这里为"_固定宽度"。
- 分级宽度。指定用于计算分级"宽度"的值（整数或实数）。本例使用 60 对"收入"字段进行分级。
- 分级数。使用此选项可指定用于确定新字段的固定宽度分级（类别）数的整数。

2）分位数（同等计数）：对话框中会显示一组新的选项，如图 4.5.7 所示。

分位数分级方法用于创建名义字段，这些字段可用于将扫描到的记录分割为百分位数（或四分位数、十分位数等）组，使每个组包含相同数量的记录，或使每个组中值的总和相等。记录根据指定的分级字段值按升序排列，因此所选分级变量值最低的记录将获得等级 1，下一组记录等级为 2，依此类推。每个分级的阈值将根据所用的数据和分位数方法自动生成。

- 分位数名称扩展。指定用于使用标准 p 分位数生成的字段的扩展名。这里选择"_四分位数"。
- 定制分位数扩展。指定用于定制分位数范围的扩展名。默认值为"_TILEN"。注意，此处的 N 将不会被定制数字替换。

四分位数：生成 4 个分级，每个包含 25% 的观测值。
五分位数：生成 5 个分级，每个包含 20% 的观测值。
十分位数：生成 10 个分级，每个包含 10% 的观测值。
二十分位数：生成 20 个分级，每个包含 5% 的观测值。

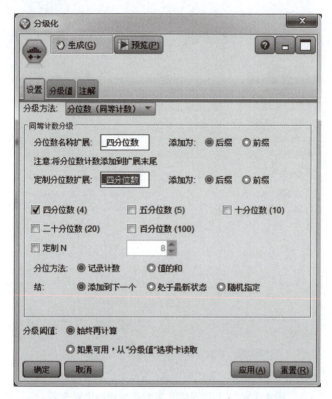

图 4.5.7 "分位数"离散化处理的设置选项

百分位数：生成 100 个分级，每个包含 1% 的观测值。

定制 N：选择此选项可指定分级数。例如，值为 3 将产生 3 个划分类别（2 个割点），每个包含 33.3% 的观测值。

- 分位方法：指定用于为分级分配记录的方法。

记录计数：尽量为每个分级分配相等数目的记录。

值的和：为分级分配记录时，尽量使每个分级中值的总和相等。

- 结：出现变量值相同的情况，即为"打结"。处于最新状态，就是变量值相同时分在同一个组中；添加到下一个，就是符合样本量相同原则，分到下一组。

3）平均值/标准差：对话框中会显示一组新的选项，如图 4.5.8 所示。

此方法可根据指定字段分布的均数和标准差的值，生成具有划分类别的一个或多个新字段。选择下面要使用的偏差数。

名称扩展：指定要用于所生成字段的扩展名。_SDBIN 是默认扩展名，这里使用_均值标准差。

+/－1 标准差：选择此选项将生成 3 个分级。

+/－2 标准差：选择此选项将生成 5 个分级。

+/－3 标准差：选择此选项将生成 7 个分级。

本例选择"+/－1 标准差"。

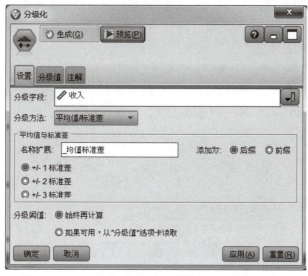

图 4.5.8 "平均值/标准差"离散化处理的设置选项

4) 最优

表示基于 MDLP 的熵分组,对话框中会显示一组新的选项,如图 4.5.9 所示。这次分级字段选择"总费用"。

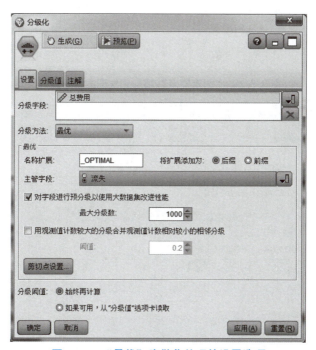

图 4.5.9 "最优"离散化处理的设置选项

- 名称扩展:指定分组变量名的前缀或后缀,默认为"_OPTIMAL"。
- 主管字段:选择一个变量作为输出变量,这里选择"流失"。
- 剪切点设置:按钮用于分组中的组限细节问题。

(3) 始终重新计算：运行节点时，将始终计算分割点和分级分配。

(4) 如果可以使用，从"分级值"选项卡读取。仅在必要时（例如，添加新数据后）计算分割点和分级分配。

2. "分级值"选项卡

在流中执行分级节点后，即可通过单击分级节点对话框中的"分级值"选项卡来查看已生成的分级阈值，如图 4.5.10 ~ 图 4.5.13 所示。

图 4.5.10 "固定宽度"离散化处理的分级阈值

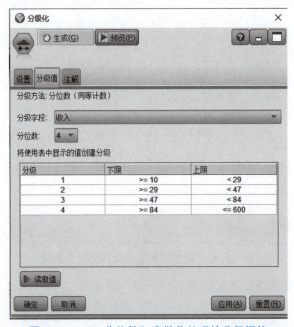

图 4.5.11 "4 分位数"离散化处理的分级阈值

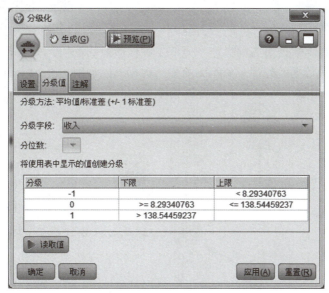

图 4.5.12 "平均值/标准差"离散化处理的分级阈值

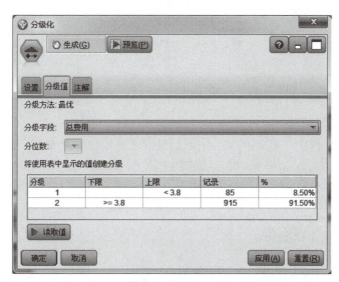

图 4.5.13 "最优"离散化处理的分级阈值

3. 查看分组后的数据

将"表格"节点直接拖放至"分级化"节点之后,使用"表格"节点查看分组后的数据。

【任务解析二】分类数据的处理

4.5.4 分类数据的处理

本任务主要实现分类数据处理的操作。在实际数据分析中,分类型变量的类别取值有时候很不规范,或者前后不一致,所以也要根据需要进行适当的调整。

4.5.5 工作准备

数据源已经进行了数据集成的操作，完成了数据质量的评估，实现了数据清洗的缺失值处理，并进行了连续数据的处理、分箱。前期的数据流图如图 4.5.14 所示。

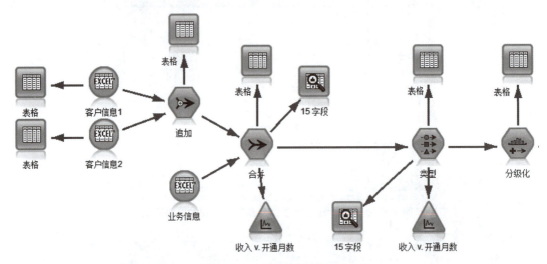

图 4.5.14　前期的数据流图

4.5.6 任务实施

1. 变量类别值的调整

telephone.xlsx 文件中"婚姻状况"字段的值应该是二分类型变量，但由图 4.5.15 可以看出，表示肯定的值有 Yes 和 1，表示否定的值有 No 和 0，数据采集时给的数据是不一致的，这样后续的数据分析和建模都会产生差异，这就需要对该字段的类别值进行调整。

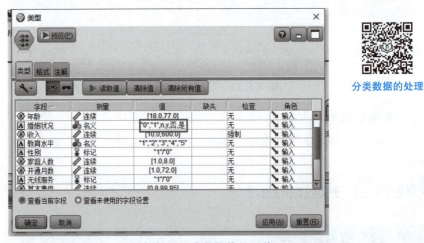

分类数据的处理

图 4.5.15　"婚姻状况"字段取值处理前

接下来对"婚姻状况"字段进行重新分类。肯定为 1，否定为 0，将"重新分类"节点放置在"分级化"节点的后面。

2. "重新分类"节点编辑窗口的参数设置

右键单击"重新分类"节点,选择弹出菜单中的"编辑"选项,参数设置窗口的"设置"选项卡如图 4.5.16 所示。

图 4.5.16 "重新分类"节点的"设置"选项卡

编辑"设置"选项卡中各参数:

● 模式:"单个"表示仅调整一个变量的类别值,"多个"表示同时调整多个变量的类别值。

● 重新分类为:"新字段"表示将调整结果保存到新变量中,可以指定新变量名,或统一在原变量名后加指定的后缀;"现有字段"表示将调整结果保存到原变量中,本例选择"新字段"。

● 重新分类字段:在下拉框中选择需调整的变量,这里选择"婚姻状况"。

● 新字段名:重新分类 2。

● 重新分类值:"复制"表示将原有值复制到新值中。"清除新值"表示清除新值列中的所有新值。"自动"表示自动赋新值。应给出新值的起始值和变化步长。

● 用于未指定的值:"原始值"表示没有给出原有变量值对应的新值时,保持原有值不变。"缺省值"表示没有给出原有变量值对应的新值时,默认为系统缺失值 $null$,也可在后面的文本框中指定为一个特定值。

3. 查看数据结果

使用类型节点或者表格来查看处理后的数据,如图 4.5.17 所示。

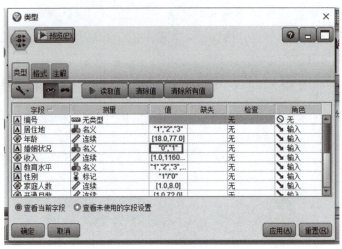

图 4.5.17　查看处理后的数据

可以看到，经过处理后，"婚姻状况"变量的取值已经变得正规了，只有 0 和 1 两个值了。

【任务解析三】数据转置

4.5.7　数据转置

数据转置是根据需要进行列和记录数据的转置处理，以方便进行后面的分析和挖掘。

本任务主要实现数据的行列转置。读取的数据，默认情况下，每一列为字段，而每一行为记录或观测值。如有必要，可使用转置节点交换行和列中的数据，使字段变为记录、记录变为字段。例如：如果有时间序列数据，其中每个序列均为一行，而不是一列，可以在分析之前转置数据。

4.5.8　工作准备

1. 读入数据

读入 ExportApple.sav 文件的数据，将数据实例化。

2. 输出数据

使用"表格"输出数据，观察数据的结构，如图 4.5.18 所示。

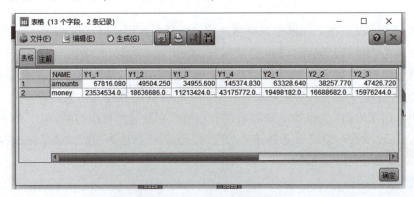

图 4.5.18　转置前的数据

4.5.9 任务实施

1. 数据转置的实现

拖放"转置"节点到源文件后面。

2. "转置"节点参数设置

右击鼠标,选择弹出菜单中的"编辑"选项进行参数设置,"转置"的"设置"选项卡如图 4.5.19 所示。

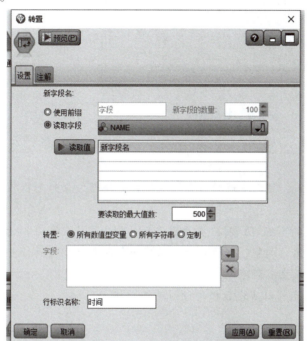

数据的转置

图 4.5.19 "设置"选项卡

其中:

● 新字段名:指定新数据中的变量命名规则。"使用前缀"表示给定一个名字,如默认的 Field。新数据中,变量名将以此为前缀分别命名为 Field1、Field2 等。同时,还需在"新字段的数量"数字框中指定允许的最大变量数,默认为 500。

● 读取字段:选择从源数据的哪个变量中读取变量值作为新数据的变量名。这里选择 NAME 并单击"读取值"按钮。Modeler 将自动从指定的变量中读取默认的前 500 个变量值(要读取的最大值数),并列在"新字段名"框中,它们将作为新数据的变量名。

● 转置:"所有数值型变量"表示源数据中的所有数值型变量均参与转置,也可指定源数据中的所有字符串型变量均参与转置,或者用户自行选择参与转置的变量。

● 行标识名称:输入新数据中作为关键字变量的变量名。这里,新数据的各行表示不同的时间,因此输入"时间"为变量名。

3. 查看结果

使用"表格"输出数据,观察转置后的数据结构,如图 4.5.20 所示。

任务结束后的数据流图如图 4.5.21 所示。

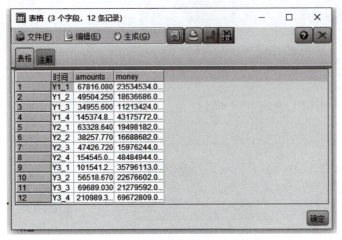

图 4.5.20　转置后的数据结构

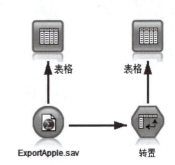

图 4.5.21　任务结束后的数据流图

知识点提炼

数据分箱也叫分组，可以实现对大量样本的精简处理。分为无指导的数据分组和有指导的数据分组。

使用"重新分类"节点可以对分类数据进行处理。"字段选项"选项卡的"重新分类"节点可实现变量类别值的调整。该节点既可以对一个或多个字段执行重新分类，也可以选择为现有字段替换新值或生成新字段。

使用"转置"节点可以实现数据的行列转置操作。

知识拓展

有一些数据样本量比较大，比如银行的数据，如果直接对数据进行分析处理，每一步都需要消耗很长的时间，而且还需要强有力的硬件作为支撑，但是如果对样本进行分组（分箱）处理，按照一定规则把数据分成不同的组，这样处理起来就会更加省时省力，提高处理效率，并不失参考意义。

例如，在金融系统中，登记每个人的信息时，有的性别写男、女，有的写的 F、M，甚至有的写 0、1，这对于统计分析性别的相关操作就会造成很大的难度，这时就要对性别的值进行统一，其实就是本节对分类数据的处理，也要求业务员细心谨慎，注意数据的规范性。

很多获取到的数据，其行和列是反着的，为后续的数据分析造成很大的难度，这个时候就需要对数据进行转置处理，轻松实现数据的行列互换。这种情况在商业数据中经常遇到，所以转置操作也是常用的数据处理操作之一，这就需要理解业务中的数据，并有敏锐的洞察力，要有科学精神，以科学的态度对待科学、以真理的精神追求真理，以保证后续数据分析及挖掘的顺利进行。

任务评估

习 题

1. 常用的分箱方法大致分为（　　）两大类。

A. 四分位数分箱　B. 无指导的数据分箱　C. 有指导的数据分箱　D. 十分位数分箱

2. 下面关于等距分组的说法，正确的是（　　）。

A. 针对的是分类型数据

B. 各个组别里面的样本量相同

C. 等距是指各个组别的上限与下限的差相等

D. 各个组别里面的样本数不一定相等

3. 变量类别值的调整使用的是（　　）节点。

A. 填充　　　　　　B. 类型　　　　　　C. 重新分类　　　　　D. 导出

4. 选取学生参加某次公益活动的数据（文件名为 Students.xlsx）。

（1）组距分组。包括等距分组和非等距分组。

①将"家庭人均年收入"分为 5 级，观察分组情况。

②将"家庭人均年收入"按组距为 10 000 分组，观察分组情况。

（2）分位数分组。

①将"家庭人均年收入"4 分位数分组，按分组后的字段升序排列，观察分组情况。

②将"家庭人均年收入"5 分位数分组，按分组后的字段升序排列，观察分组情况。

（3）均值 – 标准差分组。

将"家庭人均年收入"按均值 – 标准差 ±1 分为 3 级，观察分组情况。

5. 选取学生参加某次公益活动的数据（文件名为 Students.xlsx）。

students.xlsx 中"是否无偿献血"字段的取值如图 4.5.22 所示。

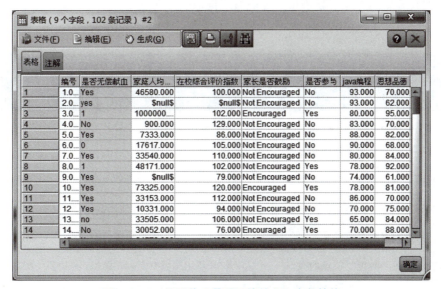

图 4.5.22　处理前"是否无偿献血"字段的值

请使用"重新分类"节点进行调整,要求如下:
(1) 肯定为"Yes",否定为"No"。
(2) 在现有字段上直接调整,即不生成新字段。
(3) 将该节点命名为"重新分类是否无偿献血"。
(4) 调整好以后使用"类型"节点观察"是否无偿献血"字段的取值。
本练习数据流图如图 4.5.23 所示。

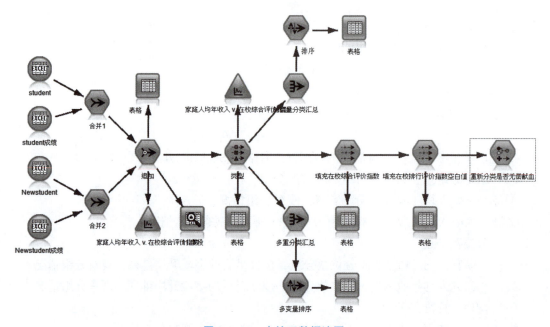

图 4.5.23 本练习数据流图

6. 数据转置使用的是什么节点?
7. 数据转置后是生成了新表格,还是直接把旧表格转置了?

学生评价

任务5	数据变换		
评价项目	评价标准	分值	得分
理解数据分箱的意义	理解数据分箱的意义	10	
掌握"分级化"节点的使用和操作	根据需求,对数据进行分级化处理	10	
了解使用"重新分类"节点的作用	规范分类变量的类别取值	10	
根据需求掌握"重新分类"节点的操作	符合需求,变量取值规范化	10	
理解数据转置的意义	根据需要进行数据转置的意义	10	
根据需求掌握"转置"节点的操作	符合需求,数据实现转置操作	10	

续表

任务5	数据变换		
评价项目	评价标准	分值	得分
处理前后数据分布的变化	数据实现了转置	10	
在数据的取值中要严谨细致,体现工匠精神	实践操作中细心严谨,参数设置正确	10	
合计		80	

教师评价

任务5	数据变换	
评价项目	是否满意	如何改进
知识技能的讲授		
学生掌握情况百分比		
学生职业素质是否有所提高		

习题答案

1. BC。
2. CD。
3. C。
4. 略。
5. 略。
6. "转置"节点。
7. 转置的还是原来的表。

任务6 数据规约

情境描述

数据规约是指在尽可能保持数据原貌的前提下,最大限度地精简数据量。当然,完成该任务的必要前提是理解挖掘任务和熟悉数据本身内容。

数据规约主要有两个途径:特征规约和数据采样,分别针对原始数据集中的属性和记录。

(1) 特征规约。通过减少变量维度来提高建模效率,主要借助统计方法降维,或依据相关性进行特征选择。

(2) 数据采样。通过减少样本量来提高建模效率,主要借助概率抽样来随机抽取样本,或选取特定样本。

1. 特征规约

利用虚拟的电信客户数据进行特征选择。分析目标是：以"流失"为输出变量，其他变量均是为输入变量，给出输入变量对输出变量重要性的排序。

具体任务如图 4.6.1 所示。

图 4.6.1　特征规约任务描述

2. 数据规约

利用虚拟的电信客户数据进行数据规约。以 Telephone.xlsx 为例分别进行介绍，主要任务是：

（1）随机抽取 70% 的记录；

（2）分别从流失和非流失客户中抽取 70% 的记录；

（3）从套餐类型中整群抽取 70% 的记录；

（4）开通月数在 60 个月以上的流失客户数据；

（5）从流失客户中抽取 70%、非流失客户中抽取 30% 的数据。

具体任务如图 4.6.2 所示。

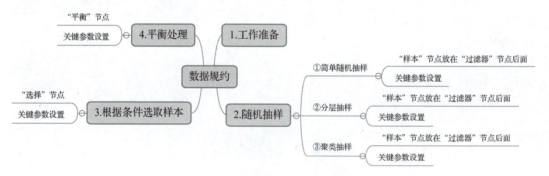

图 4.6.2　数据规约处理任务描述

学习目标

通过本任务的学习，能够达成以下目标：

（1）理解数据规约在数据挖掘中的意义；

（2）理解特征选择和数据采样的原理；

（3）熟练掌握特征选择和数据采样操作；

（4）理解样本浓缩处理的意义并熟悉具体操作；

（5）在数据规约过程中要培养认识问题、分析问题、解决问题的能力，培养职业精神。

【任务解析一】特征规约

4.6.1 介绍特征规约

数据挖掘的数据量较为庞大，减少变量个数、降低变量维度显得极为重要。特征规约是减少变量个数的一种简单易行的方法。

所谓特征规约，就是从众多输入变量中找出对输出变量分类预测有意义的重要变量。因此，如果数据挖掘后期要建立关于输出变量的分类或回归预测模型，那么建模前的特征选择通常是必要的。不经过特征选择，输入变量全部参与建模，不仅会影响模型计算效率，更重要的是，由于输入变量之间可能存在相关性等，还会使所得模型无法用于预测。

数据挖掘问题可能包括成百上千个可用作输入的备选字段，这样就不得不花费大量的时间和精力来检查模型究竟应该包含哪些字段或变量。为了缩小选择范围，可以使用特征选择算法来识别对某给定分析最为重要的字段。例如，如果试着根据多种因素来预测患者结果，那么哪些因素最为重要呢？

特征选择的一般方法：

（1）从变量本身考察。

从变量本身看，重要的变量应是携带信息较多，也就是变量值差异较大的变量。极端情况下，均取某个常数的变量应该是不重要的变量。例如，在预测某班学生的数学成绩时，班级的作用要小于性别，因为该班学生的班级相同，取值没有差异，而性别存在差异。

统计学上，测度数值型变量取值离散性的指标是标准差或变异系数。标准差越大，说明变量取值的离散程度越大；反之，越小。变异系数在消除数量级影响的情况下，便于对多个变量的离散程度进行对比。

总体标准差定义式：

$$\sigma = \sqrt{\frac{\sum_{i=1}^{n}(x_i - \bar{x})^2}{n}}$$

式中，n 为样本个数。

变异系数定义式：$Cv = \sigma/\mu$，计算公式：$Cv = \sigma/\mu * 100\%$，其中，μ 是均值。

Modeler 的考察标准是：

数值型变量：如果某数值型变量的标准差或变异系数小于某值，则该变量应视为不重要变量。

分类型变量：如果某变量某个类别值的取值比例大于某个标准值，则该变量应视为不重要变量。比如，某个群体"男"大约99%（太集中）。

如果某个变量类别值的个数与样本量的比大于某个标准值，则该变量应视为不重要变量。比如学号（太分散）。

（2）从输入变量和输出变量的相关性考察。

不同计量类型的变量之间测度相关性的方法存在差异，见表4.6.1。

表 4.6.1　相关性测度方法

输入	输出	
	数值型	分类型
数值型	T 检验	由输入取值看输出均值的变化
分类型	由输出取值看输入均值的变化	似然比卡方

4.6.2　工作准备

数据源已经进行了数据集成、数据质量评估、数据清洗、数据变换等操作。前期的数据流图如图 4.6.3 所示。

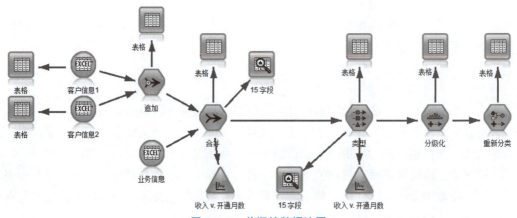

图 4.6.3　前期的数据流图

4.6.3　任务实施

1. 特征规约的应用

将"类型"节点放在"重新分类"节点后面,并设"流失"为输出变量,选择"建模"选项卡中的"特征选择"节点,将其连接到"类型"节点后面。右击,选择弹出菜单中的"编辑"选项进行节点的参数设置。"特征选择"节点的参数设置包括字段、模型、选项和注释四个选项卡。

2. "特征选择"节点的参数设置

(1)"字段"选项卡。

"字段"选项卡用于指定参与分析的变量角色。其中:

• 使用预定义角色。为默认选项,表示变量的角色取决于数据流中距"特征选择"节点最近的"类型"节点。变量角色保持各自原有的不变。

• 使用定制字段分配。选中该项重新指定输入或输出变量,应在"目标"框中指定一个变量作为输出变量,在"输入"框中指定一个或多个变量作为输入变量,在"分区"框中指定一个变量作为样本集划分的依据。

特征选择

(2)"模型"选项卡。

"模型"选项卡用于设置从变量本身角度考察变量重要性的标准值,如图 4.6.4 所示。

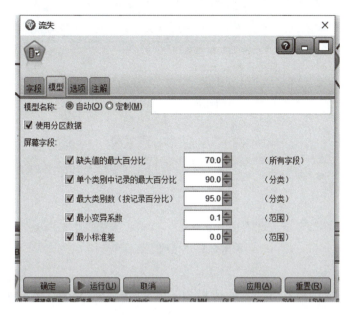

图 4.6.4 "模型"选项卡

窗口所列标准与前面的讲解相对应,这里不再重复。实际中可以根据需要调整标准值,不重要的变量将被自动屏蔽。

另外,选中"使用分区数据"表示如果数据流中的"类型"节点或在"字段"选项卡中指定了分区变量,则将依该变量的取值进行样本集划分,否则,Modeler 自动随机将样本划分为训练样本集和测试样本集。重要性的考察将在训练样本集上进行,以后该选项会经常出现,将不再赘述。

(3)"选项"选项卡。

"选项"选项卡用于设置从输入变量和输出变量相关性角度考察变量重要性时。"选项"选项卡如图 4.6.5 所示。

其中:

通过分类目标,类别预测变量的 p 值(重要性)的基础为:当输入变量和输出变量均为分类型变量时,可选择依据 Pearson 卡方或似然比卡方或克莱姆系数等按各检验统计量的 1−概率 P 值的降序排列变量的重要性。

在两个分界值框中指定判断变量很重要、中等重要、不重要的标准值。默认 1−概率 P 值大于 0.95 为重要,0.9~0.95 之间为中等重要,小于 0.9 为不重要。重要、中等重要和不重要的显示文字默认为重要、边际和不重要,也可以修改。

所有排列的字段表示按变量重要性的降序显示所有输入变量,并且默认在重要变量前打钩。字段总数表示仅显示前 n 个重要变量,"重要性大于"表示仅显示 1−概率 P 值大于指定值的重要变量。

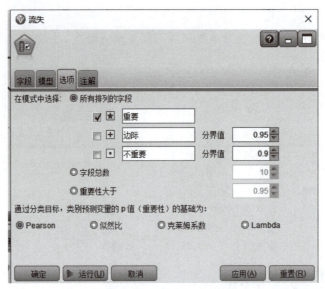

图 4.6.5 "选项"选项卡

3. 实现特征过滤

（1）运行"特征选择"节点，生成模型。模型计算结果将显示在流管理器的"模型"选项卡中。选中模型结果，右击，选择弹出菜单中的"浏览"选项，查看计算结果，如图 4.6.6 所示。

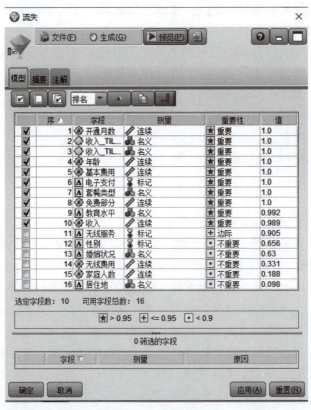

图 4.6.6 特征选择结果

Modeler 以列表形式给出了变量重要性的排序结果,"序"列是重要性排序的名次,其后依次为变量名、计量类型;"重要性"以文字形式说明相应变量是否重要;"值"列给出了各变量统计检验的 1 – 概率 P 值。

由图中可见,开通月数、基本费用、电子支付、年龄、教育水平、套餐类型、免费部分和收入对预测客户是否流失都很重要。这些变量前面均打钩。重要性列显示"重要"字样。

另外,无线服务、性别、婚姻状况、无线费用、家庭人数、居住地等变量的作用不大,但"筛选的字段"框中没有变量,即从变量本身角度考察,不存在不重要的变量。

(2) 单击各列标题,可对结果重新排列。选择窗口主菜单"生成"下的"过滤器",显示图 4.6.7 所示的对话框。

- 模式:"包括"表示保留相应变量,"排除"表示剔除相应变量。
- 选定字段:表示保留或剔除手动选择的变量。
- 所有标记的字段:表示保留或剔除所有打钩的变量。
- 字段总数:表示保留或剔除前 n 个重要变量。
- 重要性大于:保留或剔除 1 – 概率 P 值大于指定值的重要变量。

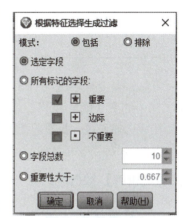

图 4.6.7 "根据特征选择生成过滤"对话框

于是,Modeler 将在数据流编辑区自动生成一个"过滤器"节点,保留和剔除指定的变量。

此外,实际应用中,当变量个数很多时,还可依据 Modeler 的建议确定变量个数 L。

其计算公式为:

$$L = [\min\{\max\{30, 2L_0^{1/2}\}\}, L_0]$$

式中,L_0 为输入变量个数;[ ] 表示取最近的整数。

一般的标准见表 4.6.2。

表 4.6.2 确定变量个数参考表

L_0	L	$L/L_0/\%$
10	10	100.00
15	15	100.00
20	20	100.00
25	25	100.00
30	30	100.00
40	30	75.00
50	30	60.00
60	30	50.00
100	30	30.00

续表

L_0	L	$L/L_0/\%$
500	45	9.00
1 000	63	6.30
1 500	77	5.13
2 000	89	4.45
5 000	141	2.82
10 000	200	2.00
20 000	283	1.42
50 000	447	0.89

可见，当变量多达40个时，选75%的变量即可，而当变量个数更多，如达到100个时，选取30%的变量就足够了。

特征选择通过寻找对输出变量预测有意义的变量，简单剔除不重要变量的方式，实现了减少变量个数，从而降低变量维度的目的。

【任务解析二】数据规约

4.6.4 认识数据规约

由于数据挖掘中的数据具有海量特征，会影响数据挖掘建模的效率。因此，数据规约是提高数据挖掘建模效率的有效途径，也是数据准备阶段的重要工作。

抽样就是在现有样本数据的基础上，根据随机原则，筛选出部分样本，可通过"记录选项"选项卡中的"样本"节点实现。抽样分为随机抽样、根据条件选取样本和样本的平衡处理。其中：

（1）随机抽样：分为简单随机抽样和复杂采样方法。

简单随机抽样：可以选择（包括或丢弃）记录的随机百分比、连续记录或所有第n条记录，是最基本的概率抽样方法，也是其他抽样方法的基础。

复杂采样方法：可以与其他选项一起更好地控制样本，包括分层抽样和整群抽样。

分层抽样首先将抽样单位按某种特征或某种规则划分为不同的层，然后在不同的层中独立、随机地抽取样本。

整群抽样是将总体的若干个单位合并为组（群），抽样时直接抽取群，然后对群中的所有单位实施调查。

比如，计算机系一共500人，5个专业，现需要50人参加某个活动，那么：
- 简单随机抽样就是直接在500人中随机抽取，每个人的机会均等。
- 分层抽样是分别从5个专业中抽取若干人，这样在每个专业之间是平等的。
- 整群抽样就是从5个专业中抽取若干个专业，抽到的专业都去参加活动，没抽到的专业不参加活动。

（2）根据条件选取样本。

数据分析有时只针对具有某类特征的样本进行。这时就要给出条件，将满足条件的样本筛选出来，即根据某个特定的条件选择或丢弃数据流中的部分记录。

（3）样本的平衡处理。

样本的平衡处理一般用于非平衡样本的建模准备。所谓非平衡样本，是指样本中某一类或者某些类的样本量远远大于其他类的样本量。通常样本量多的一类或几类样本称为多数类，也称正类；样本量较少的类称为少数类或稀有类，也称负类。

例如，为了研究某种儿童疾病的成因，以便尽早给家长提出警示，某机构对适龄儿童的健康状况进行了大规模调查，取得了有关儿童性别、居住地、饮食习惯、卫生习惯等方面的数据。假设该地区有适龄儿童100 000万人，其中只有1%的得病记录，这就意味着患病儿童只有1 000个，而健康儿童达99 000个，这就是一种典型的非平衡样本。

在非平衡样本基础上建立的预测模型，由于总是尽力追求预测的整体错误率最小，因此整体的高预测正确率往往会掩盖负类的高预测错误率，即模型偏向于正类。如本例中偏向于健康儿童。这样的模型虽然对健康儿童（正类）的预测精度较高，但并没有实际意义，因为它无法对患病儿童（负类）进行准确预测。

为解决上述问题，对非平衡样本建模时，首先采用再抽样处理方法，改变非平衡数据的正负类分布，然后对再抽样后的样本建模。

再抽样方法大致分为两大类：一是过抽样，也称向上抽样方法，即通过增加负类样本量改变样本的分布；二是欠抽样，也称向下抽样方法，即通过减少正类样本量来改变样本的分布。

总之，如果要是进行数据精简，上述各种方法结合使用将是很好的选择。下面分别进行介绍。

4.6.5 工作准备

数据源已经进行了数据集成、数据质量评估、数据清洗、数据变换、特征规约等操作。前期的数据流图如图4.6.8所示。

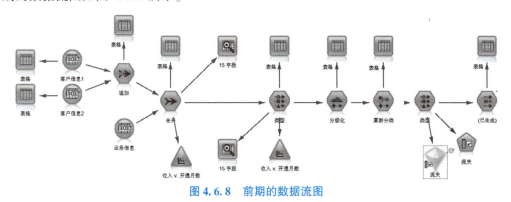

图4.6.8 前期的数据流图

4.6.6 任务实施

1. 随机抽样

随机抽样就是在现有样本数据的基础上，根据随机原则，筛选出部分样本。通过"记录选项"选项卡中的"样本"节点实现。

随机抽样包括简单随机抽样和复杂抽样。

（1）简单随机抽样。

任务：随机从 Telephone.xlsx 中抽取 70% 的记录。

具体步骤如下：

①将"样本"节点拖放至"过滤器"节点后面。

②右击"样本"节点，选择"编辑"，进行参数设置，如图 4.6.9 所示。

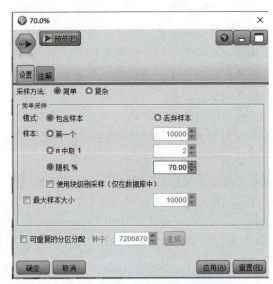

数据抽样 1

图 4.6.9　简单随机抽样样本设置

其中：

采样方法：因为本例的操作目标是一个简单随机抽样问题，应选择"简单"项。

模式："包含样本"表示包含数据流中的选定记录并废弃所有其他记录。"丢弃样本"排除选定记录并包含所有其他记录。

样本：从下列选项中选择抽样方法：

- 第一个。选择此选项，将使用连续数据抽样。例如，如果最大样本设置为 10 000，则前 10 000 条记录会被选中。

- n 中取 1。选择此选项，会按照这样的方式抽样数据：每隔 n 个记录进行一次遍历或废弃。例如，如果 n 设为 5，则每隔 5 条记录便会选中 1 条。

- 随机%。选择此选项，将随机抽取指定百分比的数据。例如，如果百分比设置为 20，那么根据选择的模式，将 20% 的数据传递到数据流或将其废弃。

- 使用块级别采样（仅在数据库中）。在 Oracle 或 IBM DB2 数据库中执行数据库内挖掘时，只在选择随机百分比抽样时启用此选项。在这些情况下，块级别抽样的效率会更高。

注：每次运行相同的随机样本设置时，系统不会返回确切的行数。这是因为每个输入记录包含在样本中的可能性为 N/100（其中，N 是在节点中指定的随机数），而且可能性是独立的，因此结果不是确切的 N%。

最大样本大小：指定样本中所包含的最大记录数。此选项为多余选项，因此，在选定

"第一个"和"包含样本"时会被禁用。

③将该"样本"节点命名为"简单"。

④使用"表"节点浏览抽样结果。

(2) 分层抽样

任务：分别从流失和非流失客户中抽取 70% 的记录。

具体步骤如下：

①将"样本"节点拖放至"过滤器"节点后面。

②右击"样本"节点，选择"编辑"，进行参数设置。

其中：

采样方法：因为本例的操作目标是分层抽样问题，应选择"复杂"项，并在相应窗口中单击"聚类和分层"按钮，设置整群抽样和分层抽样的群或层，如图 4.6.10 所示。

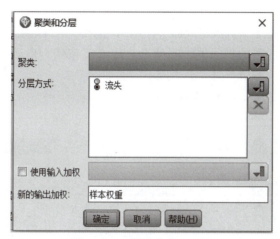

图 4.6.10 聚类和分层设置

- 聚类：选择一个分类型变量作为群划分的依据，这里不选择。

- 分层方式：选择一个或多个分类型变量作为层划分的依据，如果选择多个变量，最终将以多个变量类型值的组合来划分层。如果此时也设置了群，则先分层，然后在各层内再划分群，这里选择"流失"变量。

- 使用输入加权：指定一个数值型变量作为权重变量，每个观测被抽中的概率由权重变量的取值决定。例如，如果权重变量的取值范围是 1~5，则取值为 5 的观测被抽中的概率是取值为 1 的观测的 5 倍。这里如果以"年龄"为输入加权，那么年龄大的更容易被抽中。

- 新的输出加权：表示将自动生成一个默认名为 SampleWeight 的变量，标明被抽中的一个观测代表原来的几个。例如，如果按 10% 简单随机抽样，则新的输出加权均为 10，表示被抽中的一个观测代表原来的 10 个。

样本类型：

- 随机。在每一层内随机选择聚类或记录。

- 系统化。以固定间隔选择记录。除了会根据随机种子更改第一条记录的位置之外，此选项工作原理与 n 中取 1 方法基本相似。n 的值会根据样本大小和比例自动确定。

- 样本单元。可以选择比例或计数作为基本样本单元。

- 样本大小。可以按以下几种方式指定样本大小：
  ○ 固定。允许将样本总大小指定为计数或比例。
  ○ 定制。允许为每个子组或分层指定样本大小。此选项只有在"聚类"和"分层"子对话框中指定了层字段时才可用。
  ○ 变量。允许用户选取一个字段来为每个子组或层定义样本大小。对于特定层内的每条记录，此字段应该都有相同的值。例如，如果样本按县分层，那么具有 county = Surrey 的所有记录必须具有相同值。该字段必须为数值型，并且它的值必须与所选样本单元相匹配。比例的值应该大于 0 小于 1；计数的最小值为 1。

每层的最小样本：指定记录的最小值（如果已指定了聚类字段，可指定聚类的最小值）。

每层的最大样本：指定记录或聚类的最大值。如果在没有指定聚类或分层字段的情况下选择了此选项，那么将选择指定大小的随机或系统化样本。

设置随机种子：根据随机数百分比对记录进行抽样或分区时，此选项允许在另一会话中复制相同的结果。通过指定随机数生成器所使用的起始值，可以确保在每次执行节点时都会分配相同的记录。输入所需的种子值，或单击"生成"按钮，自动生成一个随机值。如果未选中该选项，则每次执行节点时，会生成不同的抽样。

分层抽样参数设置如图 4.6.11 所示。

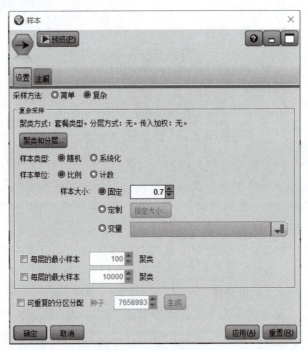

图 4.6.11　分层抽样参数设置

③将该"样本"节点命名为"分层"。
④使用"表"节点浏览抽样结果。

（3）聚类抽样。

任务：从套餐类型中整群抽取 70% 的记录。

具体步骤如下：

①将"样本"节点拖放至"过滤器"节点后面。
②右击"样本"节点,选择"编辑",进行参数设置。
其中:
采样方法:因为本例的操作目标是聚类抽样问题,应选择"复杂"项,并在相应窗口中单击"聚类和分层"按钮,设置整群抽样和分层抽样的群或层,如图4.6.12所示。

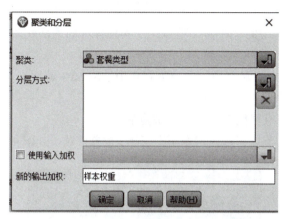

图 4.6.12　聚类抽样的聚类和分层设置

③其他选项和分层抽样的相同。
④将该样本节点命名为"聚类"。
⑤使用"表"节点浏览抽样结果。

2. 根据条件选取样本

"记录选项"选项卡中的"选择"节点可实现样本的条件选取。
任务:抽取开通月数在60个月以上的流失客户数据。
具体步骤如下:
(1) 将"选择"节点拖放至"类型"节点后面。
(2) 右击"选择"节点,选择"编辑",进行参数设置,如图4.6.13所示。

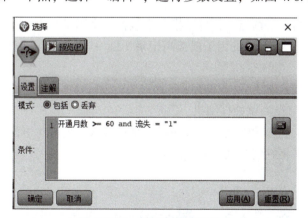

数据抽样2

图 4.6.13　根据条件选取样本

其中:
模式:指定将符合条件的记录包括还是不包括在数据流中。

- 包括：选择包括符合选择条件的记录。
- 废弃：选择排除符合选择条件的记录。

条件：显示将要用于检验每个记录的选择条件，在窗口中输入表达式。

（3）将该样本节点命名为"根据条件"。

（4）使用"表"节点浏览抽样结果。

3. 样本的平衡处理

"记录选项"选项卡中的"平衡"节点用于实现样本的平衡处理，以便符合指定的检验标准。

任务：从流失客户中抽取70%、非流失客户中抽取30%的数据。

具体步骤如下：

（1）将"平衡"节点拖放至"类型"节点后面。

（2）右击"平衡"节点，选择"编辑"，进行参数设置，如图4.6.14所示。

图4.6.14　样本的平衡处理

其中：

平衡指令：列出当前平衡指令，每个指令都包括一个因子和一个条件，该条件告知软件"在该条件为真的情况下以指定的因子值提高记录比例"。如果因子小于1.0，那么表示指定记录的比例要降低。

（3）将该样本节点命名为"样本的平衡处理"。

（4）使用"表"节点浏览抽样结果。

流中节点的顺序也会影响性能。通常的目标是最大限度地减少下游处理，所以，当具有减少数据量的节点时，将它们放到流的起点附近。

知识点提炼

特征规约，就是从众多输入变量中找出对输出变量分类预测有意义的重要变量。通过"特征选择"节点，可以实现对样本数据的特征规约的操作。

数据规约就是对数据进行抽样和平衡处理，可通过"样本"节点和"平衡"节点实现。

分为随机抽样、根据条件选取样本和样本的平衡处理。其中，随机抽样又可分为简单随机抽样和复杂随机抽样，复杂随机抽样又可分为分层抽样和整群抽样。

知识拓展

在很多分析和挖掘之前，都会进行特征处理，选取出一部分重要的特征，用来进行分析和挖掘，以提高挖掘的准确度。比如：精准扶贫时，帮助售卖某种商品，当要对售卖的商品销量进行分析时，就是选取商品的销量及售卖地区等特征，而商品的其他特征可以选择性地过滤掉，或者在别的分析中再使用。

数据规约在分析和挖掘中也经常会用到，金融信息数据的样本量特别大，比如银行一个月的流水，数据量是很大的，如果想要对其进行分析和挖掘，这么大的数据量对计算机也是一个很大的挑战，所以，要对数据进行规约，按照一定的规则，根据实际需要，选取一定的样本，进行分析和挖掘。

任务评估

习 题

选取学生参加某次公益活动的数据（文件名为 Students.xlsx），对数据流中的变量进行特征选择和数据规约，要求如下：

1. 特征选择：

（1）缺失值的最大百分比为 60%。

（2）单个类别中记录的最大百分比为 90%。

（3）最大类别数为 95%。

（4）最小变异系数为 0.1。

（5）最小标准差为 0.01。

结果：

（1）哪些变量为重要变量？哪些变量不重要？

（2）生成过滤器。过滤掉了哪些变量？

（3）将过滤器放在数据流最后。

2. 数据规约：

（1）从 Students.xlsx 中随机抽取 70% 的样本，模式选择"包含样本"，用表格观察数据。

（2）从 Students.xlsx 中随机抽取 70% 的样本，模式选择"丢弃样本"，用表格观察数据。

（3）分层抽样：分别从"是否参与"2 种情况中抽取 70% 的记录，用表格观察数据。

（4）整群抽样：从"思想品德"的 5 个分类中抽取 70% 的整群记录，用表格观察数据。

（5）抽取平均成绩大于 70、在校综合评价指数大于 60 的同学记录，用表格观察数据。

（6）在是否参与为"Yes"和"No"中，分别抽取 80% 和 50% 的记录。

学生评价

任务6	数据规约		
评价项目	评价标准	分值	得分
理解数据规约的意义	理解数据规约的意义	10	
理解特征选择的原理	理解特征选择的原理	10	
理解数据采样的原理	理解数据采样的原理	10	
掌握特征选择和数据采样的操作	根据实际需要,实现特征选择的操作	10	
根据需求成功处理	符合需求	10	
培养认识问题、分析问题、解决问题的能力	具备认识问题、分析问题、解决问题的能力	10	
合计		60	

教师评价

任务6	数据规约	
评价项目	是否满意	如何改进
知识技能的讲授		
学生掌握情况百分比		
学生职业素质是否有所提高		

习题答案

略。

任务7 数据基本操作

情境描述

数据的基本操作主要是对数据进行排序和分类汇总、派生新变量、进行数据的筛选等操作。具体内容主要包括:

1. 数据的排序和分类汇总

以电信客户数据 telephone.xlsx 为例,主要进行数据的排序和分类汇总的操作,对"基本费用"进行排序和分类汇总。主要实现以下任务:

(1) 单变量排序。
(2) 多重排序。
(3) 单变量分类汇总。
(4) 多重分类汇总。

具体任务如图 4.7.1 所示。

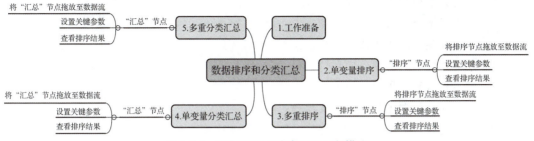

图 4.7.1　数据排序和分类汇总任务描述

2. 派生新变量

以电信客户数据 telephone.xlsx 为例，讨论派生新变量的操作。主要实现以下任务：
（1）计算每位客户的总费用。
（2）对每位客户的收入进行两级评定计算，大于 160 评定为高，否则评定为低。
（3）对每位客户的开通月数按 A、B、C、D 进行多级评定计算。
（4）为了回馈老客户，根据每位客户的开通月数，对客户总费用进行调整。
具体任务如图 4.7.2 所示。

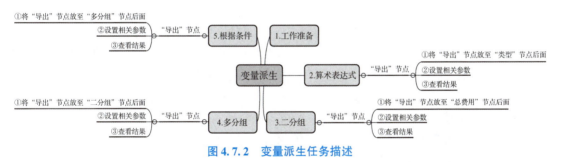

图 4.7.2　变量派生任务描述

3. 数据的筛选

以电信客户数据 telephone.xlsx 为例，主要进行数据划分样本子集的操作。主要实现以下任务：将样本按照 30% 和 70% 的比例，随机划分为测试样本集和训练样本集。
具体任务如图 4.7.3 所示。

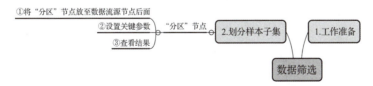

图 4.7.3　数据筛选任务描述

学习目标

通过本任务的学习，能够达成以下目标：
（1）了解数据排序和分类汇总的意义；
（2）了解变量派生在数据挖掘中的意义；

（3）了解数据筛选的意义；

（4）了解样本平衡处理及样本子集划分的意义；

（5）掌握变量排序的方法及操作；

（6）掌握分类汇总的方法及操作；

（7）掌握导出节点的方法及操作；

（8）掌握样本的平衡处理的方法；

（9）掌握划分样本子集的方法及操作；

（10）在数据筛选过程中培养分析问题、解决问题的能力，提升自己的创新能力，培养职业能力。

【任务解析一】 数据的排序和分类汇总

4.7.1 数据排序和分类汇总

如果在拿到源数据时，对数据做一个排序或分类汇总，将是大致了解数据分布的不错选择。数据排序功能非常简单，却有着广泛的应用，是人们把握数据取值状态的最简单的途径。汇总是一项数据准备任务，经常用于减小数据集的大小。一般在处理了极值、孤立点和缺失值后，再继续执行分类汇总。

将样本数据按某个或某几个变量值升序或降序重新排列，一方面便于浏览数据，了解变量取值的大致范围；另一方面有助于发现数据可能存在的问题，如离群点或极端值等，因为这些值往往表现为最大值或最小值。"字段选择"选项卡中的"排序"节点可实现数据的排序。

数据的分类汇总是：首先根据指定的分组变量将数据分成若干组，然后在各组内计算汇总变量的基本描述统计量，这是由"汇总"节点来实现的。

本任务主要实现对数据的排序和分类汇总。通过排序和分类汇总，可以更好地了解数据，发现数据中的规律，实现简单的分析，为后续的建模和挖掘做好准备。

4.7.2 工作准备

数据源已经进行了数据集成的操作，并完成了数据质量评估、数据清洗、数据变换、数据规约等操作。前期的数据流图如图4.7.4所示。

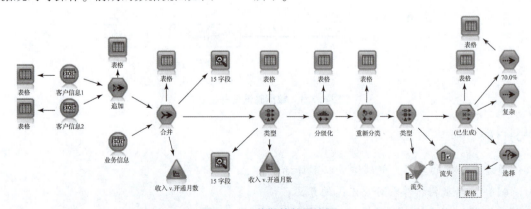

图 4.7.4 前期的数据流图

4.7.3 任务实施

1. 单变量排序

单变量排序是指根据一个变量的升序或降序重新排列数据，该变量称为排序变量。以电信客户数据 telephone.xlsx 为例，实现按基本费用的降序排列数据。

（1）在之前任务数据流后添加"类型"节点，重新实例化，避免数据流太长，数据中断报错。将"排序"节点放置到数据流"类型"节点后面，并将该节点命名为"单变量排序"。

（2）右击"排序"节点，选择"编辑"，该节点的编辑窗口共有 3 个选项卡：设置、优化和注解。这里主要介绍"设置"选项卡，其配置如图 4.7.5 所示。

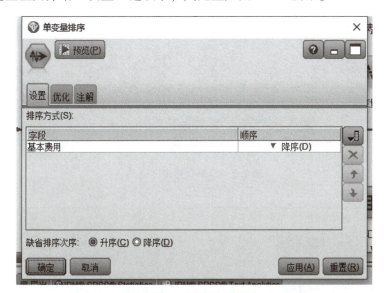

数据排序

图 4.7.5 "设置"选项卡

"设置"选项卡用于设置排序变量和排序方式。通过"选择变量"对话框选择排序变量。通过上下按钮指定升序或降序。"选择变量"对话框在后续操作中会频繁出现，以后不再赘述。这里默认排序次序为升序，也可以根据需要改变为降序。

（3）查看排序结果。将"输出"选项卡中的"表"节点添加到"排序"节点后面。单变量排序结果如图 4.7.6 所示。

从图中可以看出，数据按基本费用从高到低进行了排序。

2. 多重排序

多重排序也称为多变量排序，应依次指定多个排序变量，分别称为第一排序变量、第二排序变量等。数据排序时，将首先按第一排序变量的升序或降序排列。对第一排序变量取值相同的样本，再按第二排序变量的升序或降序排列，依此类推。

（1）将"排序"节点放置到数据流"类型"节点后面，并将该节点命名为"多重排序"。其中，第一排序变量为流失，按升序排列；第二排序变量为基本费用，按降序排列。

（2）右击"排序"节点，选择"编辑"，设置界面如图 4.7.7 所示。

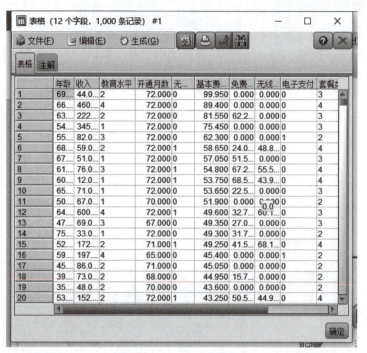

图 4.7.6 单变量排序结果

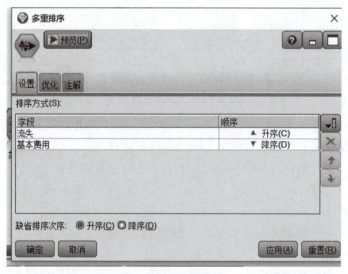

图 4.7.7 设置界面

这样数据将首先根据客户是否流失排序，未流失变量（取值为零）的排在前面，流失变量（取值为1）的排在后面。同时，各类客户内部按基本费用的降序排列。

（3）将"表"节点添加到数据流并连接到"排序"节点后面，多重排序结果如图 4.7.8 所示。

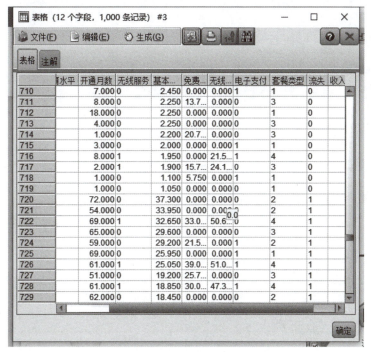

图 4.7.8　多重排序结果

可以看出，数据先按流失的升序进行排序，即 0 在上面，1 在下面，然后再按基本费用的降序进行排序。

3. 单变量分类汇总

仍以电信客户数据 telephone.xlsx 为例，说明分类汇总的具体操作，实现分别计算未流失客户和流失客户的基本费用的均值和标准差。

（1）将"汇总"节点放置到数据流"类型"节点后面。

（2）右击"汇总"节点，选择"编辑"，该节点的编辑窗口共有 3 个选项卡：设置、优化和注解。这里主要介绍"设置"选项卡，如图 4.7.9 所示。

• 关键字段：用来指定分组变量，可通过"选择变量"对话框选择一个或多个分组变量，该变量通常是分类型变量，这里选择目标变量"流失"。

• 汇总字段：指定汇总变量，可通过"选择变量"对话框选择一个或多个汇总变量，该变量通常是数值型变量，并指定计算基本描述统计量。

• 新的字段名扩展：指定一个扩展名，作为汇总变量名的后缀或前缀，该变量用来存放分类汇总结果，通常无须指定而是系统自动给定。

• 在字段中包含记录计数：选中表示生成一个默认名为 record_count 的变量，其中存放各组的样本量。

"优化"选项卡中的"关键字连续排列"：如果数据原本已经按分组变量排序，可选中该项，以提高分类汇总的执行效率；如果没有按分组变量排序，就不要选中该选项。

（3）查看分类汇总结果。将"输出"选项卡中的"表"节点添加到"汇总"节点后面。单变量分类汇总结果如图 4.7.10 所示。

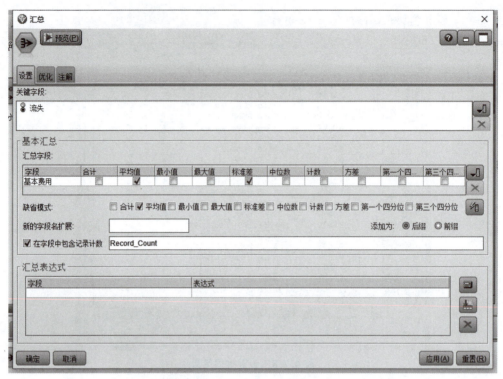

图4.7.9 "设置"选项卡

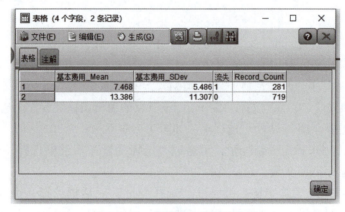

图4.7.10 单变量分类汇总结果

从图4.7.10可以看到，非流失客户的开通月数平均值明显高于流失客户，人数也远远高于流失客户。

4. 多重分类汇总

多重分类汇总应依次指定多个分组变量，分别称为第一分组变量、第二分组变量等。分类汇总时，数据将首先按多个分组变量的组合取值分成若干组，然后针对各个组分别计算汇总变量的基本描述统计量。

（1）将"汇总"节点放置到数据流"类型"节点后面。

（2）右击"汇总"节点，选择"编辑"。其中，第一个分组变量为流失，第二个分组变量为套餐类型，汇总变量为基本费用，如图4.7.11所示。

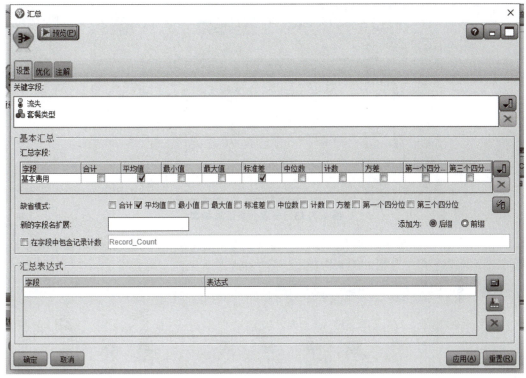

图 4.7.11　"设置"选项卡

（3）为了更好地观察数据结果，将"排序"节点放在"多重分类汇总"节点的后面，按照"流失"和"套餐类型"升序排列，如图4.7.12所示。

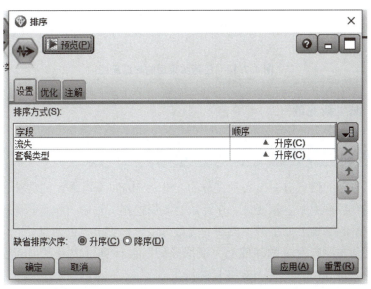

图 4.7.12　排序设置

(4)将"表"节点添加到"排序"节点后面,多重分类汇总结果如图 4.7.13 所示。

数据的分类汇总

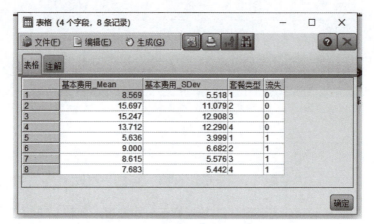

图 4.7.13 多重分类汇总结果

由图 4.7.13 可以看出,非流失客户中选择套餐 3 的平均费用最高,这是做得最好的一种套餐;而流失客户中套餐 1 的平均费用最低,也是最失败的一种套餐。

任务结束后的数据流图如图 4.7.14 所示。

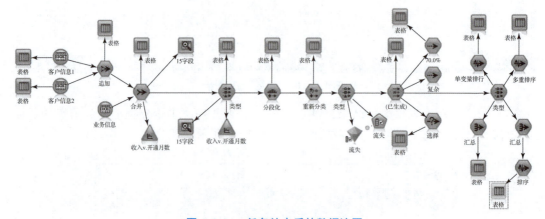

图 4.7.14 任务结束后的数据流图

【任务解析二】派生新变量

4.7.4 变量派生

原始变量所包含的信息有时未必是充分的。SPSS Modeler 最强大的功能之一是可以修改数据值,并从现有数据中派生新变量。在漫长的数据挖掘工程中,执行若干派生操作是很常见的,在原始变量的基础上加工派生出新的变量可以包含更丰富的信息。

派生新变量是在原有变量的基础上,根据分析需要计算生成一系列新变量。"字段选择"选项卡中的"导出"节点可实现变量的派生。

"导出"节点可以修改数据值或根据一个或多个现有字段创建新字段。可以创建的字段类型包括公式、标识、名义、状态、计数和条件。

4.7.5 工作准备

数据源已经进行了数据集成的操作，并完成数据质量评估、数据清洗、数据变换、数据规约等操作。前期的数据流图如图 4.7.15 所示。

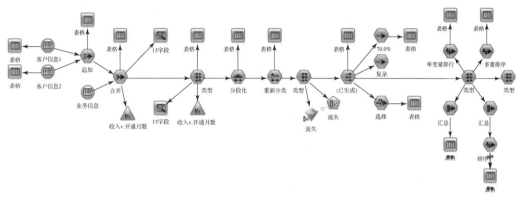

图 4.7.15 前期的数据流图

4.7.6 任务实施

1. 根据算术表达式派生新变量

任务：计算每位客户的总费用。

（1）将"导出"节点拖放到上一节"类型"节点后面，右击，选择"编辑"，设置窗口如图 4.7.16 所示。

派生新变量 1

图 4.7.16 设置窗口

其中：

- 模式："单个"表示只派生一个变量；"多个"是根据一个运算规则同时派生多个变量。
- 导出字段：输入新派生的变量名，如果同时派生多个变量，则需要给出新变量名的前缀或后缀。
- 导出为：在下拉框中选择"公式"项，表示根据算术表达式计算派生新变量。
- 字段类型：一般为默认，这里也可以选择"连续"。
- 公式：手工输入或利用 CLEM 面板输入 CLEM 算术表达式。

（2）将该节点命名为"总费用"。

（3）使用"表"节点浏览"总费用"变量，如图 4.7.17 所示。

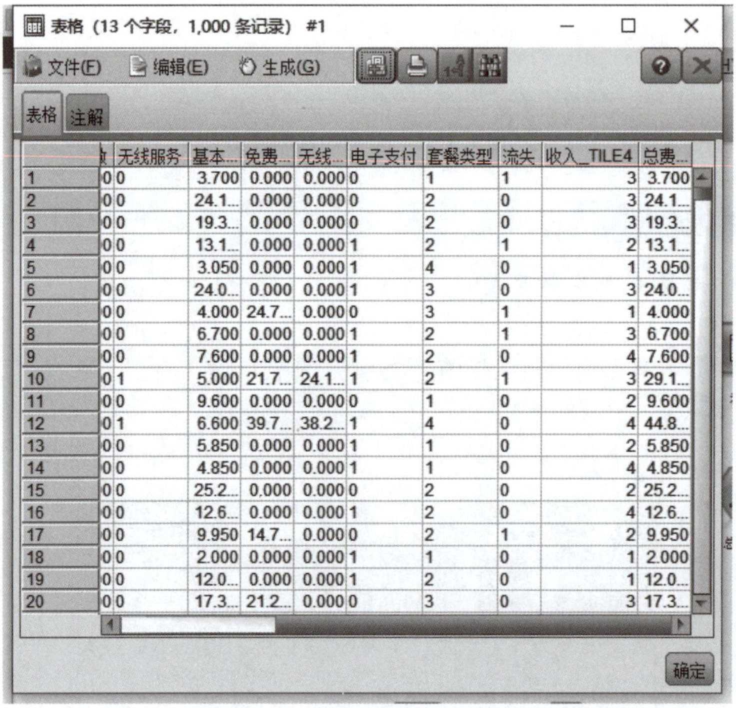

表格（13 个字段，1,000 条记录） #1

文件(F) 编辑(E) 生成(G)

表格 注解

		无线服务	基本...	免费...	无线...	电子支付	套餐类型	流失	收入_TILE4	总费...
1	0	0	3.700	0.000	0.000	0	1	1	3	3.700
2	0	0	24.1...	0.000	0.000	0	2	0	3	24.1...
3	0	0	19.3...	0.000	0.000	0	2	0	3	19.3...
4	0	0	13.1...	0.000	0.000	1	2	1	2	13.1...
5	0	0	3.050	0.000	0.000	1	4	0	1	3.050
6	0	0	24.0...	0.000	0.000	1	3	0	3	24.0...
7	0	0	4.000	24.7...	0.000	0	3	1	1	4.000
8	0	0	6.700	0.000	0.000	1	2	1	3	6.700
9	0	0	7.600	0.000	0.000	1	2	0	4	7.600
10	0	1	5.000	21.7...	24.1...	1	2	1	3	29.1...
11	0	0	9.600	0.000	0.000	0	1	0	2	9.600
12	0	1	6.600	39.7...	38.2...	1	4	0	4	44.8...
13	0	0	5.850	0.000	0.000	1	1	0	2	5.850
14	0	0	4.850	0.000	0.000	1	1	0	4	4.850
15	0	0	25.2...	0.000	0.000	0	2	0	2	25.2...
16	0	0	12.6...	0.000	0.000	1	2	0	4	12.6...
17	0	0	9.950	14.7...	0.000	0	2	1	2	9.950
18	0	0	2.000	0.000	0.000	1	1	0	1	2.000
19	0	0	12.0...	0.000	0.000	1	2	0	1	12.0...
20	0	0	17.3...	21.2...	0.000	0	3	0	3	17.3...

确定

图 4.7.17　使用"表"节点查看

2. 二分组派生新变量

任务：对每位客户的"收入"进行两级评定计算，大于 160 评定为高，否则评定为低。

（1）将"导出"节点拖放到"总费用"节点后面，右击，选择"编辑"，设置窗口如图 4.7.18 所示。

其中：

- 模式：单个。
- 导出字段：二级评定收入。
- 导出为：由于评定只有高和低两种结果，因此，这里选择"标记"。
- 字段类型：指定新变量的计量类型为"标记"。
- true 值：高；false 值：低。

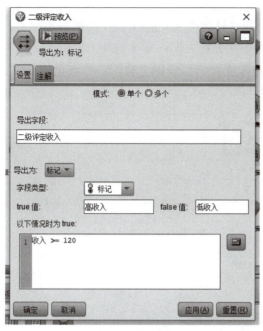

图 4.7.18 设置窗口

- 以下情况时为 true：输入评定依据：收入 >= 120，这是一个 CLEM 条件表达式，表示对"收入"变量，判断其取值是否大于等于120。

（2）将该节点命名为"二级评定收入"。

（3）使用"表"节点浏览"二级评定收入"变量，如图4.7.19所示。

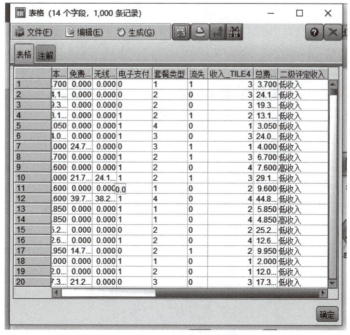

图 4.7.19 使用"表"查看

3. 多分组派生新变量

任务：对每位客户的开通月数按 A、B、C、D 进行多级评定计算，大于 60 个月为 A，48~60 个月为 B，24~28 个月为 C，小于 24 个月为 D。

（1）将"导出"节点拖放到"二级评定收入"节点后面，右击，选择"编辑"，设置窗口如图 4.7.20 所示。

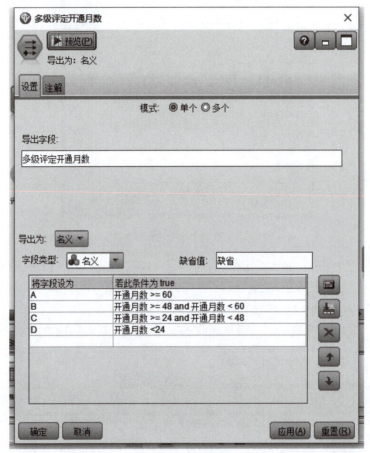

图 4.7.20　设置窗口

其中：

- 模式：单个。
- 导出字段：多级评定开通月数。
- 由于评定有多种结果，因此，在"导出为"下拉列表中选择"名义"项，在"字段类型"框中指定新变量的计量类型为"名义"型。
- 在列表中依次给出多级评定的依据。在"将字段设为"列中给出分组后的取值；在"若此条件为 true"列中给出分组标准，应给出相应的 CLEM 条件表达式。对不满足任何一个 CLEM 条件表达式的变量值，其分组后取默认值，即系统缺失值 $null$ 。

（2）将该节点命名为"多级评定开通月数"。

（3）使用"表"节点浏览"多级评定开通月数"变量，结果如图 4.7.21 所示。

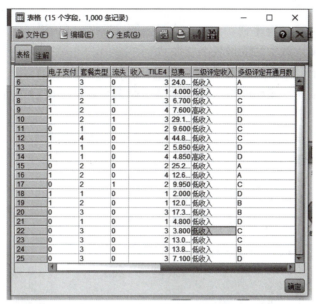

图 4.7.21 使用"表"查看结果

4. 根据条件派生新变量

任务：为了回馈老客户，根据每位客户的开通月数，对客户总费用进行调整。如果开通月数为 A，则总费用打 9 折。

（1）将"导出"节点拖放到"多级评定开通月数"节点后面，右击，选择"编辑"，设置窗口如图 4.7.22 所示。

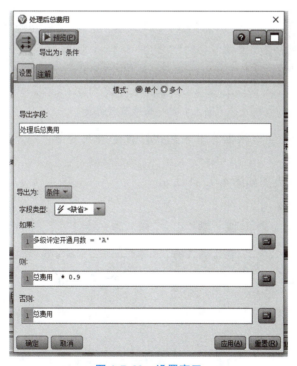

图 4.7.22 设置窗口

其中：

- 模式：只需计算“应缴费”这一个变量，所以选择“单个”。
- 导出字段：输入派生的变量名“应缴费”。
- 导出为：在下拉框中选择“条件”项，表示根据条件计算派生新变量。
- 字段类型：指定新派生变量的计量类型，通常为默认，实例化后会自动转为具体的计量类型。
- 在“如果”框中输入 CLEM 表达式，这是字段调整的依据。
- 在“则”框中输入 CLEM 条件表达式为“真”时的计算方法（是算术表达式）；在“否则”框中输入 CLEM 表达式不为真时的计算方法。

（2）将该节点命名为“处理后总费用”。

（3）使用“表”节点浏览“处理后总费用”变量，结果如图 4.7.23 所示。

表格 (16 个字段，1,000 条记录)

文件(F) 编辑(E) 生成(G)

表格 注解

	类型	流失	收入_TILE4	总费...	二级评定收入	多级评定开通月数	处理后总费用
1		1	3	3.700	低收入	D	3.700
2		0	3	24.1...	低收入	A	21.735
3		0	3	19.3...	低收入	A	17.370
4		1	2	13.1...	低收入	B	13.150
5		0	1	3.050	低收入	D	3.050
6		0	3	24.0...	低收入	A	21.645
7		1	1	4.000	低收入	D	4.000
8		1	3	6.700	低收入	C	6.700
9		0	4	7.600	高收入	D	7.600
10		1	3	29.1...	低收入	D	29.150
11		0	2	9.600	低收入	C	9.600
12		0	4	44.8...	低收入	C	44.850
13		0	2	5.850	低收入	D	5.850
14		0	4	4.850	高收入	D	4.850
15		0	2	25.2...	低收入	A	22.725
16		0	4	12.6...	低收入	A	11.340
17		1	2	9.950	低收入	C	9.950
18		0	1	2.000	低收入	D	2.000
19		0	1	12.0...	低收入	B	12.050
20		0	3	17.3...	低收入	B	17.300

确定

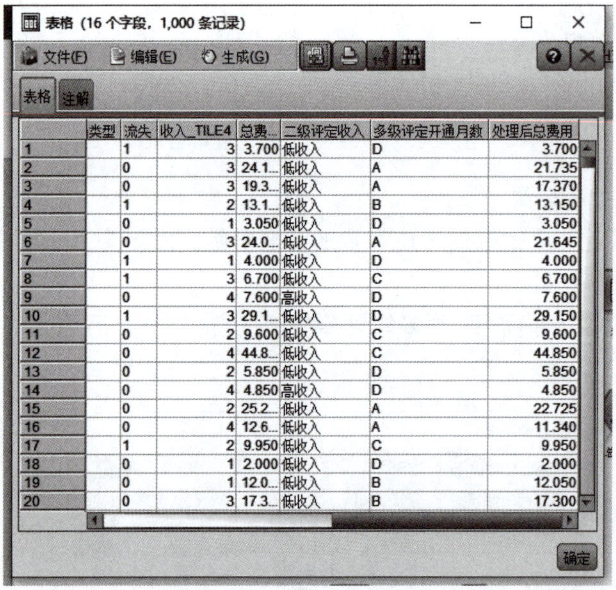

图 4.7.23　表格节点结果

总之，“导出”节点可以根据算术表达式计算生成新变量，对不同样本进行条件计算，实现变量值的重新分组。

任务结束后的数据流图如图 4.7.24 所示。

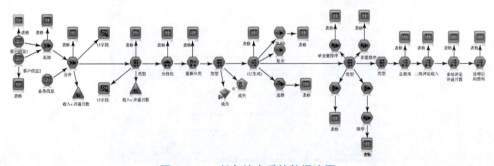

图 4.7.24　任务结束后的数据流图

【任务解析三】 数据的筛选

4.7.7 数据筛选

为使后续建模能够得到比较理想的预测结果,通常对数据进行筛选的操作,包括平衡样本处理和划分样本集处理。

本任务主要介绍平衡样本处理,并实现对样本集的划分,从而为后续的建模和挖掘做好准备。

样本平衡处理的意义:一般用于非平衡数据集(imbalanced data set)的建模准备。

非平衡样本的处理通过再抽样(Re-sampleing)的方法,主要包括以下两种方法:

①过抽样(Over-sampling):增加负类样本数量来改变样本的分布。

②欠抽样(Under-sampling):减少正类样本数量来改变数据的分布。

在 Modeler 中,样本的平衡处理一般使用"平衡"节点,再抽样的方法叫作随机过抽样和随机欠抽样。

样本子集划分的意义是便于得到相对准确的模型误差估计。

方法是将全部样本随机划分成两个或三个子集,包括:

①训练(Training)样本集:用于建立和训练模型。

②测试(Testing)样本集:用于模型的误差估计。

4.7.8 任务实施

1. "分区"节点

在电信客户数据流后添加"分区"节点,双击或右击"分区"节点,选择"编辑"。

该节点的编辑窗口共有两个选项卡:设置和注解。这里主要介绍"设置"选项卡,其配置如图 4.7.25 所示。

其中:

分区字段:当样本集被划分后,Modeler 自动生成一个名为"分区"的变量,用来标识测试集及训练集。也可自己给出新的变量名。

分区:选择是将样本分为训练和测试集还是训练、测试和验证集。这里选择第一个。

训练分区大小:注意各分区的大小总和应为 100%。通常训练集比测试集要多。

值:有 3 个选项,使用系统定义值,如 1、2、3,分别代表训练样本集、测试样本集和验证样本集;将标签追加为系统定义的值,表示上面显示的 1 或 2 加下划线加训练或测试的组合;将标签用作值,即生成变量取值是标签。这里选第二种。

设置随机的种子:如果希望随机划分的样本结果重复出现,则选择此项,并单击"生成"按钮,生成随即种子,每次运行都是相同一组的样本。

2. 查看结果

将"表"节点添加到数据流并连接到"分区"节点后面,结果如图 4.7.26 所示。

可以看出,每个数据后面都会显示分区后的结果。

任务结束后的数据流图如图 4.7.27 所示。

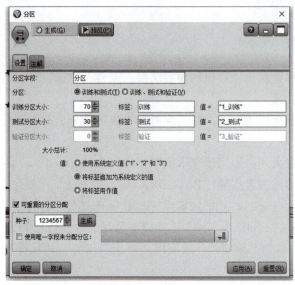

图 4.7.25 "设置"选项卡

图 4.7.26 分区结果

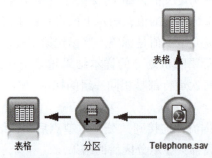

图 4.7.27 任务结束后的数据流图

知识点提炼

将样本数据按某个或某几个变量值升序或降序重新排列,一方面便于浏览数据,了解变量取值的大致范围;另一方面有助于发现数据可能存在的问题,如离群点或极端值等,因为这些值往往表现为最大值或最小值。"字段选择"选项卡中的"排序"节点可实现数据的排序。

数据的分类汇总:首先根据指定的分组变量将数据分成若干组,然后在各组内计算汇总变量的基本描述统计量,这是由"汇总"节点来实现的。

派生新变量是在原有变量的基础上,根据分析需要计算生成一系列新变量。"字段选择"选项卡中的"导出"节点可实现变量的派生。分为根据算术表达式派生新变量、二分组派生新变量、多分组派生新变量、根据条件派生新变量。

非平衡数据集,是指数据集中某一类或者某些类的样本数量远远大于其他类的样本数。通常样本数量多的一类或几类样本称为多数类,也称正类。样本数量较少的类称为少数类或稀有类,也称负类。

知识拓展

通过排序和分类汇总,能够将数据一览无遗地展示在客户面前,在电商及金融行业得到普遍应用,比如邮乐网上,顾客想要知道销量最好的前 10 个商品,就要用到排序等操作。

在实际业务中,经常需要派生新的变量,比如在邮乐网乡村扶贫的小包裹中,通过汇总每年的投递量,可以了解销售以及扶贫的情况,但是有的时候也需要汇总分析每个季度甚至每个月的投递量,这个时候就需要派生出新的变量,以满足实际分析的需要。

样本子集的常见划分方法:旁置(HoldOut)法和反复旁置法;交叉验证(Cross Validation)法;留一(Leave-one-out)交叉验证法;N 折交叉验证法(N Cross-Validation);重抽样自举法(BootStrap)。

任务评估

习 题

1. 在原有变量的基础上,根据分析需要,计算生成一系列新变量,叫作(   )。
   A. 变量派生   B. 变量生成   C. 变量变换   D. 变量读取
2. Modeler 样本的平衡处理的方法有(   )。
   A. 随机过抽样   B. 根据条件选取样本   C. 随机欠抽样   D. 数据分箱
3. 减少样本数量的方法有(   )。
   A. 随机抽样   B. 根据条件选取样本
   C. 样本的平衡处理   D. 数据分箱
4. 选取学生参加某次公益活动的数据(文件名为 Students. xlsx)。
   (1) 将数据按"家长是否鼓励"进行分类,汇总"家庭人均年收入"变量的最大值、最小值和平均值，并将该"汇总"节点命名为"单变量分类汇总"。

（2）对（1）的汇总结果按照"家长是否鼓励"升序排列，用"表格"节点观察数据，并分析结果。

（3）按"是否参与"为第一关键字、"家长是否鼓励"为第二关键字进行分类，汇总"家庭人均年收入"变量的最大值、最小值和平均值，并将该"汇总"节点命名为"多重分类汇总"。

（4）对（3）的汇总结果首先按照"是否参与"升序排列，再按照"家长是否鼓励"降序排列，用"表格"节点观察数据，并分析结果。

（5）导出新变量"总成绩"，其变量值为每个学生的总成绩。

（6）导出新变量"体育成绩2级评定"，对每个学生体育成绩进行2级评定计算，大于等于60分，评定为合格，否则，评定为不合格。

（7）导出新变量"思想品德5级评定"，对每个学生的思想品德成绩按A、B、C、D、E进行多级评定计算。

（8）为了强调学生的德育教育，根据思想品德课程的得分对每个学生的总成绩进行调整：如果思想品德5级评定为A，则该生总成绩提高10%。

学生评价

任务7	数据基本操作		
评价项目	评价标准	分值	得分
理解数据排序和分类汇总的意义	理解数据排序和分类汇总的意义	10	
理解变量派生对数据挖掘的意义	理解变量派生对数据挖掘的意义	10	
理解数据筛选的意义	理解数据筛选的意义	10	
理解样本平衡处理及样本子集划分的意义	理解样本平衡处理及样本子集划分的意义	10	
掌握排序的方法及操作	根据需要，实现排序	10	
掌握变量分类汇总的方法及操作	根据需要，实现变量分类汇总	10	
掌握派生新变量的方法及操作	根据需要，实现派生新变量	10	
掌握样本的平衡处理的方法	根据需要，实现样本的平衡处理	10	
掌握划分样本子集的方法及操作	根据需要，实现划分样本子集	10	
处理前后数据分布的变化	划分好样本子集	10	
培养培养分析问题、解决问题的能力、职业能力	提升自己的动手实践能力和创新能力；提升职业能力和综合能力	10	
合计		110	

教师评价

任务 7	数据基本操作	
评价项目	是否满意	如何改进
知识技能的讲授		
学生掌握情况百分比		
学生职业素质是否有所提高		

习题答案

1. A。
2. AC。
3. ABC。
4. 略。

项目 5

数据的基本分析

　　数据的基本分析是数据分析与挖掘的基础，其旨在掌握数据分布的基本特征，了解数据间的相关关系，为后续模型的选择和深度分析奠定基础。数据的基本分析通常以单变量数据作为切入点，并扩展延伸到多变量的相关分析研究中。根据数据类型的不同，数据的基本分析可以分为数值型变量的基本分析和分类型变量的基本分析。

　　项目思维导图：

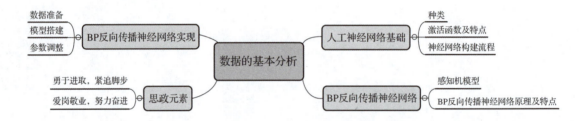

任务 1　数值型变量的基本分析

情境描述

　　本任务主要实现对数值型变量进行基本描述分析，从而准确地计算变量分布的集中趋势或离散程度。通常来说，描述数据集中趋势的统计指标一般包括均值、中位数、众数等；描述数据离散程度的统计指标一般包括方差、标准差、极差等。此外，为了计算数值型变量间的相关程度，可以通过计算简单相关系数或绘制散点图实现。

学习目标

　　通过本任务的学习，可达到以下目标：
　　1. 在尊重源数据的前提下，掌握计算基本描述统计量的方法；
　　2. 丰富对数值变量间相关性分析的方法；学会绘制散点图；
　　3. 掌握一般线图和多线图的绘制方法；
　　4. 在分析数据型变量的过程中获得成就感，从而更加热爱本专业。

任务解析

5.1.1 任务描述

数值型变量的基本分析主要是计算基本描述统计量和数据间的相关关系，如计数、均值、总和、散点图、线图等，现在计算 telephone 数据中"开通月数"和"基本费用"的基本描述统计量，并分别计算与"年龄"和"收入"的相关系数。主要实现以下任务：

（1）通过调用"输出"选项卡中的"统计量"节点，分别计算"开通月数"和"基本费用"的平均数、标准差、中位数，以及与"年龄"和"收入"的相关系数。

（2）分析不同变量间的相关性，并以散点图和线图的形式进行可视化展示分析。

5.1.2 工作准备

数据源已经进行了数据集成的操作，并完成了数据质量的评估。前期的数据流图如图 5.1.1 所示。

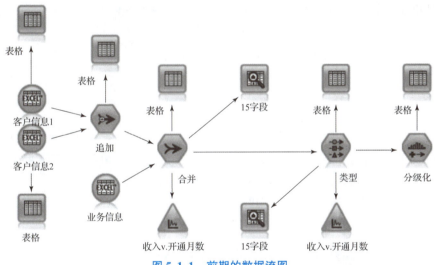

图 5.1.1 前期的数据流图

5.1.3 实践过程

1. 计算"开通月数"和"基本费用"的基本描述统计量

通过计算数据的基本描述统计量，分析数据的标准差、平均值、中位数和相关系数。

具体操作为：从"输出"选项卡中将"Statistics"加入数据流中，其配置如图 5.1.2 所示。

在"检查"选项栏中选出"开通月数"和"基本费用"两项标签，并在"Statistics"选项栏中勾选平均值、标准差、中位数。此外，为了计算相关系数，需要在"相关"选项栏中选择"年龄"和"收入"两项标签。对于相关系数的设置，可单击"相关设置"按钮进行查看，其配置情况如图 5.1.3 所示。

数值型变量的
基本分析1

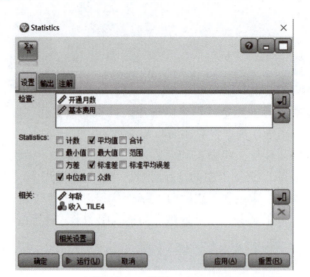

图 5.1.2　设置 Statistics

其中，"在输出中显示相关强度标签"选项表示以直观易懂的形式突出变量间的相关性强弱；"按重要性（1-p）定义相关强度"选项表示对变量进行线性检验，并以概论（1-p）值作为标准。当值小于等于 0.90 时，表示变量间存在弱相关关系；大于 0.90 小于等于 0.95 时，表示中度相关；大于 0.95 小于 1.0 时，表示强相关。"按绝对值定义相关强度"选项表示变量以简单相关系数为标准。当简单相关系数值小于默认值 0.33 时，表示弱相关；大于 0.33 小于 0.66 时，表示中度相关；大于 0.66 小于 1.0 时，表示强相关。

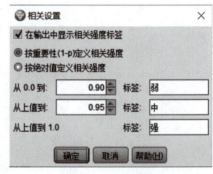

图 5.1.3　相关设置

运行结果如图 5.1.4 所示，从图中可以分别得到"开通月数"和"基本费用"的平均值、标准差、中位数，以及与"年龄"和"收入"的相关系数。

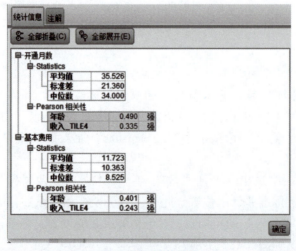

图 5.1.4　运行结果

2. 绘制散点图和线图

数值型变量之间的相关性除了使用中位数、众数和相关性系数这样的基本描述统计量来表示外，还可以使用散点图和线图进行观察。

为了寻找基本费用和开通月数的相关性，可以选择"图形"选项卡中的"图"，并将其拖拽到数据流中建立连接关系，如图 5.1.5 所示。

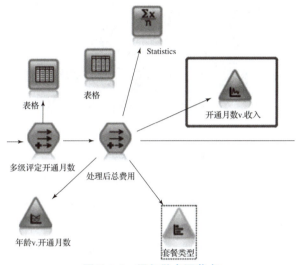

图 5.1.5　添加散点图节点

此外，为了设置散点图的参数，可以右击数据流中的"图"节点，选择"编辑"选项调整参数，如图 5.1.6 所示。"图"节点的参数包括散点图、选项、外观、输出和注解。其中，散点图是绘制散点图的基本参数设置；选项是绘制散点图的可选参数；外观主要用来为图形添加标题或文字说明。

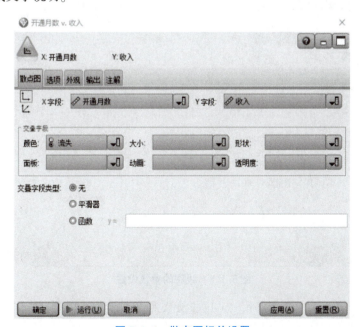

图 5.1.6　散点图相关设置

单击"运行"按钮,得到图 5.1.7 所示结果。

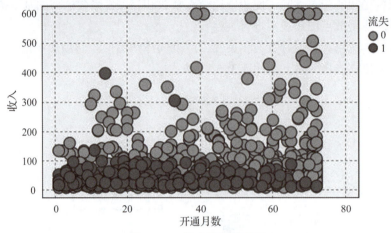

图 5.1.7　散点图相关设置

同样,可以使用线图来观察数值型变量间的相关性,线图的绘制和散点图的绘制相同,只需右击"图"节点,选择"编辑"→"选项"。如图 5.1.8 所示,将样式中的"点"换为"线"。"X 模式"提供了排序、交叠字段和如所读取三个选项。值得注意的是,线图更加适合序列化数据,在本例中选择"开通月数"和"收入"进行演示。

数值型变量的基本分析 2

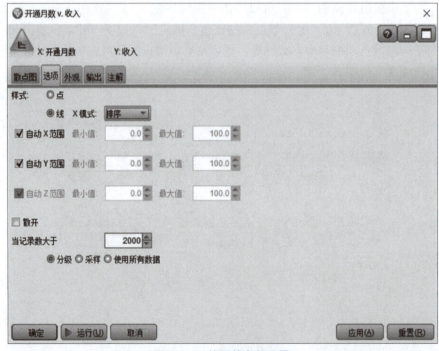

图 5.1.8　线图的参数设置

当"X 模式"选择"排序"时,Modeler 会按照 X 轴变量的升序进行排序,之后再依次从左至右进行连线,如图 5.1.9 所示。

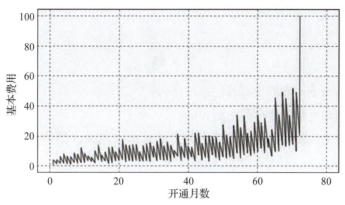

图 5.1.9　开通月数与基本费用的时序线图

如果想在一张图上对比多个变量的取值情况,可以绘制多线图。多线图的绘制需要拖拽"图形"选项卡中的"多重散点图"节点到数据流中,并与前一节点建立连接关系。此后,右击"多重散点图"节点,在弹出的菜单中选择"编辑"进行相关参数的设置。

在本例中,X 轴选择"开通月数"变量,而 Y 轴选择"收入"和"年龄"变量。运行结果如图 5.1.10 所示。

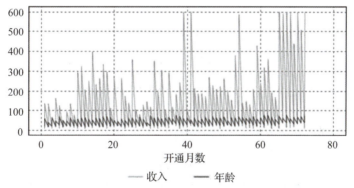

图 5.1.10　"开通月数"与"收入"和"年龄"的时序线图

知识点提炼

数值型变量的基本分析指的是对数值型变量计算基本描述统计量,从而反映变量分布的集中趋势和离散程度。其中,集中趋势可以使用中位数、均值、众数等参数进行观察;离散程度可以使用方差、标准差和极差等参数进行观察。此外,为了观察数值型变量间的相关性,还可以使用相关系数或绘制散点图等形式。

知识拓展

在 SPSS Modeler 中可以选择"图形"选项卡中的"时间散点图"节点,用来绘制带有时间序列的散点图。随着我国经济水平的不断提升,可以通过数据行变量的基本分析方法对我国的经济发展情况进行分析,从而找出哪些指标是经济发展的最大驱动力。

任务评估

习 题

1. 哪些统计值用来反映变量分布的集中趋势？
2. 哪些统计值用来描述变量的离散程度？
3. 数值型变量之间的相关性除了观察变量的基本描述统计量外，还可以使用哪种方式来直观观察？
4. 简要描述绘制散点图的步骤。
5. 简要描述绘制线图的步骤。

学生评价

任务1	数值型变量的基本分析		
评价项目	评价标准	分值	得分
计算基本描述统计量	中位数、众数	10	
计算相关系数	强相关、弱相关	10	
绘制散点图	散点图的选择和参数设置	10	
绘制线图	线图的选择和参数设置	10	
绘制多线图	多重散点图的选择和参数设置	10	
合计		50	

教师评价

任务1	数值型变量的基本分析	
评价项目	是否满意	如何改进
知识技能的讲授		
学生掌握情况百分比		
学生职业素质是否有所提高		

习题答案

1. 描述集中趋势的统计量一般有均值、中位数、众数等。
2. 描述离散程度的统计量一般有方差、标准差和极差等。
3. 数值型变量之间的相关性除了观察变量的基本描述统计量外，还可以使用散点图来直观观察。

4. 将数据进行处理后，选择"图形"选项卡中的"图"节点，并将其连接到数据流的恰当位置上，右击"图"节点，选择"编辑"选项进行节点参数设置。

5. 将数据进行处理后，选择"图形"选项卡中的"图"节点，并选择"样式"选项中的"行"，从而表示以线图的方式展示变量之间的相关性。

任务2　分类型变量的基本分析

情境描述

本任务主要通过图形和数值方法实现对分类型变量进行基本描述分析，从而掌握数据的分布情况。例如，针对电信数据，分析用户离网是否与收入、年龄、套餐类型、支付方式等因素相关。图形分析方法主要包括条形图、网状图，而数值方法通常使用列联表来对分类型变量进行分析。

学习目标

通过本任务的学习，根据实际需求，应该能够：
(1) 在尊重源数据的前提下，掌握分类型变量的基本分析；
(2) 可以利用条形图和网状图对分类型变量间的相关性进行直观分析；
(3) 使用列联分析方法对两个分类型变量间的相关性进行分析；
(4) 在分析分类型变量的过程中获得成就感，从而更加热爱本专业。

任务解析

5.2.1　任务描述

分类型变量的基本分析主要是计算变量间的相关程度，其中，两分类型变量的研究被广泛应用，如分析客户离网与收入、年龄或套餐选择是否有直接关系。通常，分类型变量的分析可以使用图形分析法，也可以使用数值分析法。图形分析法可分为条形图和网状图，而数值分析法主要指的是列联分析法。主要实现以下任务：

(1) 利用条形图和网状图对分类型变量间的相关性进行粗略分析，如绘制套餐类型的条形图、绘制网状图，以分析居住地、婚姻状况、电子支付、套餐类型对客户离网的影响。

(2) 通过列联表的方法分析套餐类型与用户离网之间的相关性。

5.2.2　工作准备

数据源已经进行了数据集成的操作，并完成数据质量的评估。前期的数据流图如图5.2.1所示。

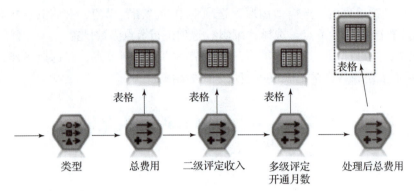

图 5.2.1　前期的数据流图

5.2.3　实施过程

1. 绘制套餐类型的条形图

通过绘制条形图来分析用户选择的套餐类型的情况，从而帮助电信公司研究更加合理的套餐方案。

具体操作为：从"图形"选项卡中将"分布"节点拖拽到数据流中，并与前项节点进行连接，其配置如图 5.2.2 所示。

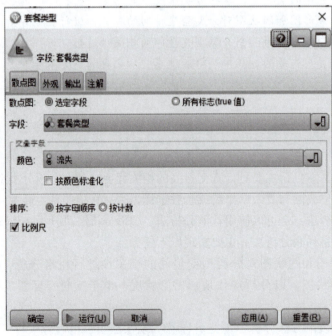

两分类型变量
相关性分析

图 5.2.2　条形图参数配置

其中：

散点图中的"选定字段"表示需要绘制的分类型变量，并且需要在"字段"多选框内进行选择；"所有标志（true 值）"则表示 SPSS Modeler 默认对所有标志型变量进行绘制，但只显示标志为真的变量。

交叠字段表示需要选择的交叠的变量。如果需要分析其他变量在条形图上的分布情况，可以在"颜色"选项卡中选择需要添加的变量，交叠变量的不同取值会以不同的颜色进行展示。

比例尺用来调整条形图的长短，其可以将频数较高的变量条形长度调整为最长，而其他条形以最长的条形为基础按等比例进行调整。

在本例中，分析不同套餐类型对客户离网的影响，故"散点图"中的"字段"选项需选择套餐类型变量，而"交叠字段"中的"颜色"选项需选择流失变量。此外，为了使条形图更加清晰，本例勾选了"比例尺"选项。

运行结果在图 5.2.3 中进行了展示，其输出结果包括了表格、图形和注解。其中，表格中标明了每一类型套餐的数量和所占比例，而图形中只给出了每一类型套餐中客户离网和未离网的比例。从表格结果中可以得到选择套餐 3 的用户人数最多，离网比例最低，而套餐 1 的用户人数排名第二，但离网比例最高。因此，电信公司应多研发类似于套餐 3 的电信套餐供用户选择。

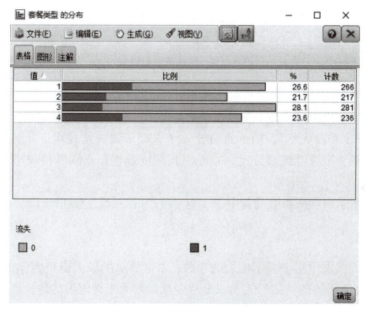

图 5.2.3　绘制条形图结果

2. 绘制网状图

网状图能够比条形图更加形象，直观地显示两个变量或多个变量间的相关性。网状图由节点和边所组成，其中每一个节点对应一种类型变量，而边则表示两个分类型变量间不同类别值的组合。

具体操作为：从"图形"选项卡中将"网络"节点拖拽到数据流中，并与前项节点进行连接，其配置如图 5.2.4 所示。

其中：

散点图选项中的参数是用来绘制网状图的主要参数，"网络"中的字段选项框用来指定多个分类型变量，从而反映两两变量间的强弱关系；而"导向网络"则反映的是多个分类

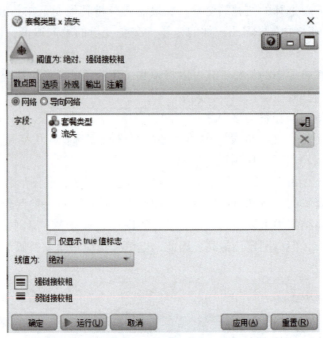

图 5.2.4 网状图参数设置

型变量与一个分类型变量间的相关性强弱关系。

线值为选项用来指定网状图中连接线粗细的含义。选项框内包括绝对、总体百分比、较小字段/值的百分比和较大字段/值的百分比 4 个选项。强链接较粗表示频数（或百分比）越大，连接线越粗，频数（或百分比）越小，连接线越细；而弱链接较粗与强链接较粗正相反。

图 5.2.5 展示了网状图参数设置中的"选项"内容，其主要用于设置网状图的其他可选参数。

其中：

链接数表示网状图中用来显示的边的条数，"可显示的最大链接数"表示最多显示 80 条边；"仅显示高于下值的链接"表示只显示变量频数大于设定值的边，此外，也可以指定显示边的条数。

若记录过少则丢弃，表示不显示频数低于设定值的变量；若记录过多则丢弃，表示不显示频数高于设定值的变量。

弱链接上限表示频数低于设定值的边用弱连接线表示，而强链接下限表示频数高于设定值的边用强连接线表示。

链接大小表示不同线性的含义，"链接大小连续变化"指连线的粗细随所代表的频数多少而连续变化，"链接大小显示强/正常/弱类别"指频数低于设定值时边用弱连接线表示，高于设定值时边用强连接线表示，其余用正常线表示。

网络显示表示网状图的布局，主要包括圆形布局、网络布局、定向布局、网格布局 4 种不同形式的图形布局。

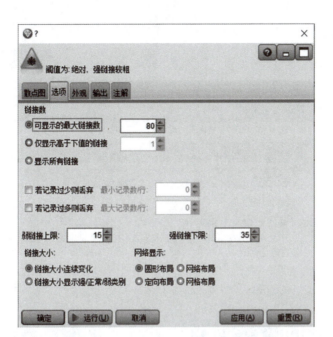

图 5.2.5 "网络"的"选项"参数设置

在本例中,利用网状图来分析套餐类型和流失两个变量间的相关性,故在"字段"框内选择套餐类型和流失两个变量,"线值为"选择"绝对",网络显示使用圆形布局,其余使用默认值。图 5.2.6 展示了最后的运行结果。从图中可以看出所有套餐的用户使用情况都优于用户离网情况,表明套餐的设置比较符合用户的使用情况。

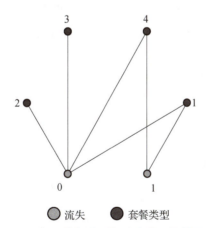

图 5.2.6 套餐类型与流失关系网状图

3. 绘制列联表分析两分类型变量的相关性

条形图和网状图不能准确反映分类型变量间的相关程度,因此需要使用列联表更加精细地进行数值分析。

具体操作为:从"输出"选项卡中将"矩阵"节点拖拽到数据流中,并与前项节点进行连接。右击节点,选择"编辑"进行节点的参数设置。其配置如图 5.2.7 所示。

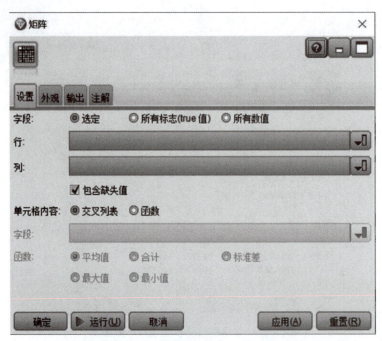

图 5.2.7 矩阵的"设置"选项卡

其中：

字段中的"选定"表示用户自行设置列联表中的行变量和列变量，需要在"行"和"列"选项框中选择变量并计算响应的列联表；"所有标志（true 值）"表示 SPSS Modeler 默认选择数据流节点所有标志型变量，计算生成多张列联表，但只显示取值为真的情况；"所有数值"表示生成的列联表只包含一个单元格，值为行列变量取值乘积的总和。此外，"包含缺失值"表示在行列变量上取缺失值的样本也计算在内。

单元格内容中的"交叉列表"表示列联表各单元格为频数；"函数"表示列联表各单元格为汇总变量交叉分组下的描述统计量，还需要在字段框中选择需要汇总的变量，在函数选项中选择需要统计的函数，如平均值、合计、标准差等。

"外观"选项卡的详细参数设置：

行和列表示列联表中的行与列以何种顺序进行展示，包括不排序、升序、降序。

交叠字段中的"突出显示前几个值"表示以红色字体显示频数较高的几个单元格；而"突出显示后几个值"表示以绿色字体显示频数较低的几个单元格。

交叉列表单元格内容表示需要在单元格内显示的内容，包括计数、期望值、行百分比和列百分比。

本例主要分析的是客户的离网与套餐类型是否相关，因此行字段选择套餐类型，列字段选择流失，勾选"包含缺失值"，单元格内容选择"交叉列表"。而在"外观"选项卡中，行和列选择"不排序"，交叠字段勾选"突出显示前几个值"和"突出显示后几个值"，并全部设置为1，交叉列表单元格内容中勾选"计数""行百分比""期望值""列百分比"和"总百分比"，并勾选"包含行和列的总计"选项。

图 5.2.8 展示了运行结果，从结果中可以得出：

(1) 总共 1 000 个客户中,客户保持和离网人数分别为 719 人和 281 人,总体保持率为 71.9%,离网率为 28.1%,客户保持率并不理想。

(2) 在 1 000 个客户中,选择套餐 3 的用户人数最多,达到 228 人,占总人数的 22.8%,而套餐 4 的用户人数最少,有 157 人,占总人数的 15.7%。

(3) 套餐 3 的用户忠诚度较高,281 人的保持率为 81.1%,高于总保持率,离网率仅为 18.9%,低于总体离网率。

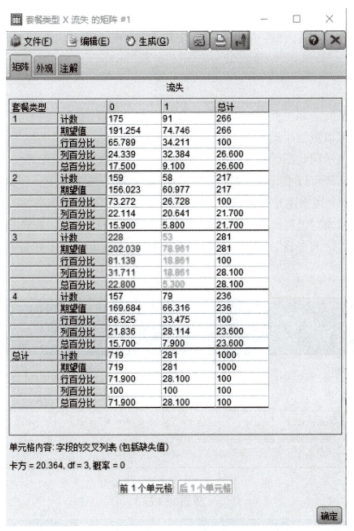

图 5.2.8　列联表运行结果

知识点提炼

分类型变量的基本分析指的是使用图形分析法和数值分析法对两个或多个分类型变量间的相关性进行分析。其中,图形分析法可以使用条形图和网状图来对分类型变量间的相关性进行粗略的分析,而数值分析法则是使用列联表来对两分类型变量进行深度分析。

知识拓展

两分类型变量之间的相关性研究通常采用列联分析方法。列联分析方法主要包括：计算两分类型变量的列联表；在列联表的基础上分析表中行列变量之间的相关性。

党的二十大报告明确指出，推动战略性新兴产业融合集群发展，构建新一代信息技术、人工智能、生物技术、新能源、新材料、高端装备、绿色环保等一批新的增长引擎。这也是当今大学生要牢牢把握的时代机遇。

任务评估

习 题

1. 分类型变量间的相关性可以利用什么图形来做粗略的直观分析？
2. 哪种图形可以更加生动和直观地展示两个或多个分类型变量的相关性？
3. 网络显示表示网状图的布局，它主要包括哪几种形式的图形布局？
4. 图形方法已经可以准确地反映两分类型变量之间的相关程度，因此不需要在使用其他方法进行分析。上述描述是否正确？
5. 在绘制列联表时，需要对"矩阵"节点中的参数进行调整，在选项卡中的"单元格内容"选项包括"交叉列表"和"函数"。其中，"交叉列表"表示什么？

学生评价

任务2		分类型变量的基本分析		
评价项目	评价标准		分值	得分
绘制条线图	字段、交叠字段的选择		10	
绘制网状图	字段、网络显示等参数的设置		10	
计算两分类型变量的列联表	字段、外观等参数的设置		10	
合计			30	

教师评价

任务2	分类型变量的基本分析	
评价项目	是否满意	如何改进
知识技能的讲授		
学生掌握情况百分比		
学生职业素质是否有所提高		

习题答案

1. 可利用条形图和网状图对分类型变量间的相关性做粗略的直观分析。
2. 网状图。
3. 圆形布局、网络布局、定向布局、网格布局。
4. 错。
5. "交叉列表"表示列联表各单元格为频数。

任务3 两总体的均值比较

情境描述

本任务主要通过图形分析和独立样本的均值检验方法来检验两组样本的总体平均值是否存在显著差异。例如,分析电信保持客户与离网客户的各种费用的平均值是否存在明显的差异。

学习目标

通过本任务的学习,根据实际需求,应该能够:
(1) 在尊重源数据的前提下,掌握比较两总体的均值方法;
(2) 可以利用直方图检验两总体的均值是否存在差异;
(3) 使用独立样本的均值检验方法对分析样本均值呈现除的差异性进行详细检验。

任务解析

5.3.1 任务描述

两总体的均值比较是检验来自两组样本数据中的两个总体的平均值是否存在显著的差异。为了比较保持客户和离网客户的各种费用的平均值是否存在显著差异,可以首先使用图形分析方法,绘制费用直方图,以观察两类客户的分布。此外,为了进一步详细研究,需要使用独立样本的均值检验方法来分析信息样本均值呈现出的差异性在总体数据上是否仍然显著。主要实现以下任务:

(1) 绘制费用的直方图,观察保持客户和离网客户的分布,观察两类客户的费用均值是否存在显著差异。

(2) 通过独立样本的均值检验方法进一步分析保持客户与离网客户的各种费用均值是否存在显著差异。

5.3.2 工作准备

数据源已经进行了数据集成的操作,并完成数据质量的评估。前期的数据流图如图5.3.1所示。

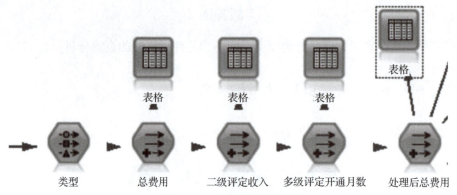

图 5.3.1 前期的数据流图

5.3.3 实施过程

1. 两总体均值比较的图形分析

通过绘制直方图来分析保持客户与离网客户的基本费用是否存在显著差异,具体操作为:从"图形"选项卡中将"直方图"节点拖拽到数据流中,并与前项节点进行连接,其配置如图 5.3.2 所示。

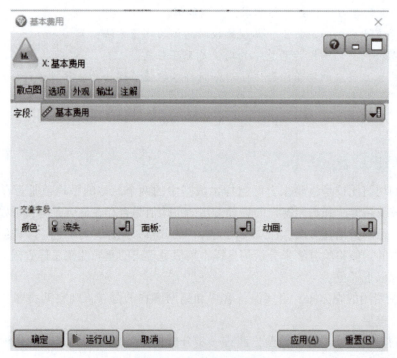

图 5.3.2 直方图参数设置

其中:

直方图的主要参数在"散点图"选项卡中进行设置,该选项卡中包含的"字段"表示所选择的数值型变量,该变量作为直方图的 X 轴;"交叠字段"表示所选择的交叠变量,"颜色"选项则表示在直方图中以不同颜色表示交叠变量的不同取值,"面板"表示绘制多张不同取值的直方图,而"动画"则表示以何种类型的动画来展示不同的直方图。

在本例中,基本费用变量为数值型变量,而流失变量为交叠变量,因此,在设置参数时,在字段选项中选择基本费用,在颜色选项中选择流失,面板选项中选择套餐类型,从而分别观察保持和离网客户的基本费用分布。图 5.3.3 展示了最终的运行结果,从图中可以发现,保持客户的基本费用集中在 20～60 之间,而离网客户的基本费用集中在 0～20 之间,并且基本费用为 0 的用户占绝大多数。

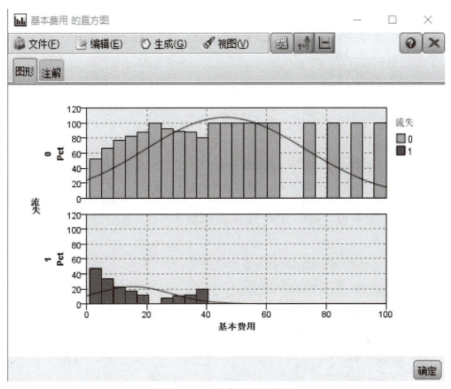

图 5.3.3　直方图运行结果

2. 独立样本的均值检验

仅通过绘制简单的直方图来分析保持客户与离网客户的基本费用是否存在显著差异是不充分的,因此,还需要利用独立样本的均值方法进行检验。独立样本的均值检验对象为相互独立的样本,即两组样本量不可相等。在 SPSS Modeler 中,两独立样本的均值检验采用方差分析方法。

具体操作为:从"输出"选项中将"平均值"节点拖拽到数据流中,并与前项节点进行连接,右击该节点,选择"编辑"选项,对节点参数进行设置,其配置如图 5.3.4 所示。

在平均值的"设置"界面中,可以设定均值检验的主要参数。其中,比较平均值中的"在字段的组之间"表示对独立样本进行均值比较,"在字段对之间"表示对配对样本进行均值比较。值得注意的是,当选择了"在字段的组之间"后,需在"分组字段"中设定控制变量,并且在"测试字段"中选定观测变量。

本例是为了比较保持客户与离网客户的各种费用均值是否存在显著差异,故选择"在字段的组之间",分组字段选择流失变量,测试字段添加基本费用变量、免费部分变量和无

图 5.3.4　平均值节点的参数设置

线费用变量。此外，其他设置使用 SPSS Modeler 的默认参数。运行结果的简单示意图展示在图 5.3.5 中。

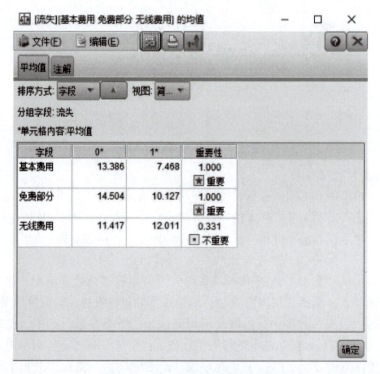

图 5.3.5　独立样本平均值运行结果

SPSS Modeler 默认输出图 5.3.5 所示结果。单元格主要显示观测变量在控制变量不同水平下的样本均值。如基本费用部分，保持用户的均值为 13.386，离网用户的均值为 7.468，重要性为 1.0。基本费用部分的均值在离网客户和保持客户中存在显著差异，并且离网变量对预测基本费用有着关键的意义。

当单击排序方法标题时，可以将 0*、1*和重要性的输出结果进行排序。此外，单击视图标题下的"高级"选项，可得到如图 5.3.6 所示的更为详尽的结果，单元格内容显示均值、标准差、标准误差和计数，并且输出 F 检验（F 统计量的观测值）和 df 值（F 统计量中分子与分母的自由度）。

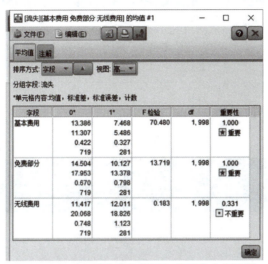

图 5.3.6　独立样本平均值运行结果的高级显示

知识点提炼

两总体均值比较是以两组样本的对比为基础，最终利用两组样本数据对来自两组样本总体的平均值是否存在显著差异进行检验。两总体均值比较可以先从绘制直方图入手来进行分析，但这种图形分析方法只能针对已有的样本数据。为了进一步分析样本均值在总体数据上是否存在显著的差异性，可以通过方差分析方法来实现。

知识拓展

两总体均值比较仅通过简单的图形分析是不充分的，还需要利用统计方法进行检验。此外，独立样本的均值检验和配对样本的均值检验可以用来判断样本来自的两总体均值是否存在显著。

任务评估

习　题

1. 可以使用哪种图形分析工具对两总体均值进行比较？
2. 在 SPSS Modeler 中可以使用哪种方法来对两对立样本的均值进行检验？
3. 哪种方法可以用来检验来自两组样本数据中的两个总体的平均值是否存在显著的差异？

4. 请简要描述如何绘制直方图。
5. 如何判断样本来自的两总体均值是否存在显著？

学生评价

任务3	两总体的均值比较		
评价项目	评价标准	分值	得分
两总体均值比较的图形分析	直方图	10	
独立样本的均值检验	比较平均值、分组字段等参数的选择，高级结果的展示	10	
合计		20	

教师评价

任务3	两总体的均值比较	
评价项目	是否满意	如何改进
知识技能的讲授		
学生掌握情况百分比		
学生职业素质是否有所提高		

习题答案

（1）可以使用直方图来对两总体均值进行比较。

（2）方差分析方法。

（3）两总体均值比较。

（4）从"图形"选项中将"直方图"节点拖拽到数据流中，并与前项节点进行连接，同时对节点的参数进行设置。

（5）使用独立样本的均值检验和配对样本的均值检验。

项目 6

关联分析

关联分析，是寻找数据项集中各项之间的关联关系，可以从一个属性的信息来推断另一个属性的信息，是数据挖掘中最常用的方法之一。

相信很多人都听说过沃尔玛超市发现购买尿布的顾客通常也会购买啤酒，于是把啤酒和尿布放在一起销售，同时提高了两者销量的案例。这是关联分析在商业领域应用的一个典型，通过对大量商品销售记录进行分析，提取出能够反映顾客偏好的有用规则。有了这些关联规则，商家可以制订更符合消费者需求的营销策略来提高销售量。

本项目思维导图：

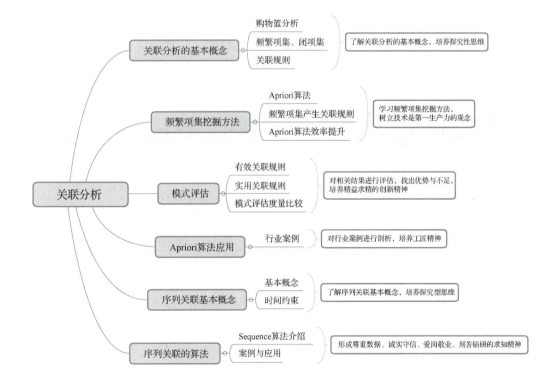

任务1　关联分析的基本概念

情境描述

在本任务中，从购物篮分析出发，引出关联分析的基本概念及方法，并对频繁项集、闭项集深入地展开研讨。通过相关分析，能够有效揭示数据中隐含的关联特征，为后续指导业务开展奠定基础。

学习目标

（1）了解关联分析的基本概念；
（2）熟悉关联分析的规则方法。

任务解析

6.1.1 购物篮分析

超市在日常的销售运营中积累了大量的数据，见表6.1.1，每一条记录代表了一个客户的一次消费行为，其中包括该客户所购买的商品。这些消费数据都会被系统记录下来。通过对顾客所购商品进行分析，可以深入了解消费者的购买习惯和商品之间的关系，以此来指导商品促销、库存管理等。

表6.1.1　购物篮数据

顾客 ID	商品列表
1	面包，牛奶
2	面包，尿布，啤酒，鸡蛋
3	牛奶，尿布，啤酒，可乐
4	面包，牛奶，尿布，啤酒
5	面包，牛奶，尿布，可乐

通过对表中的数据进行分析，可以发现，购买尿布的顾客大概率会购买啤酒，这种分析就叫作关联分析。通过相关的分析，可以挖掘顾客的购买行为，发现隐匿在数据后面的深层次的数据联系。发现的商品同时购买规律可以用频繁项集的形式表示。如，从表6.1.1所列的数据中，可以提取出的规则如下：

$$\{尿布\} \rightarrow \{啤酒\}$$

此规则表示尿布和啤酒之间有着很强的联系，购买尿布的顾客大概率会购买啤酒。因此，在进行商品摆放时，可以将此类商品放在一起，增加购买的概率。

通过上面的描述可以发现，关联分析就是找到不同商品之间的关系属性，但进行分析时，需要考虑以下两个问题：

（1）商品的关联程度在计算上需要付出很高的代价。具有关联关系的商品可以从两个商品、三个商品甚至更多商品之间展开研究。在进行关系分析时，若采用暴力搜索的方式，在计算模式上需要付出很大的代价，需要长的计算时间及大量的计算资源才能完成此任务。

（2）在进行分析时，某些情况可以是虚假的，可能是偶尔发生的。如在表 6.1.1 中，购买鸡蛋的用户，同时购买面包、尿布、啤酒的次数并不高。是否能形成有效的关联关系，还需要进一步分析。

6.1.2 关联规则

在表 6.1.1 所列的购物篮数据中，每一行对应一个事务，如超市顾客一次性购买的商品。事务由事务标记和项集（item sets）两部分组成，其中顾客 ID 就是事务标记，所有商品列表，如面包、牛奶、啤酒 3 个商品构成的就是项集，其中每一件商品叫作一个项。

对于表 6.1.1 所列的数据形式，可以用表 6.1.2 所列的二元形式来表示。在表中，每行仍然对应一个事务，每列对应一个项。与表 6.1.1 不同的是，每一个项用二元变量的形式进行表示，如果该项在事务中出现，则将它的值赋为 1，否则赋值为 0，通过这种简单的形式进行展示，可以完成数据集的构建，从而为后续的关联分析奠定基础。

表 6.1.2 购物篮数据二元化表示

顾客 ID	面包	牛奶	尿布	啤酒	鸡蛋	可乐
1	1	1	0	0	0	0
2	1	0	1	1	1	0
3	0	1	1	1	0	0
4	1	1	1	1	0	0
5	1	1	1	0	0	1

关联规则是形如 X – > Y 形式的表达式。其中，X 和 Y 是项目集中不同的两个项。项之间关联性通常用支持度和置信度两个指标来衡量，其计算公式见式（6.1.1）和式（6.1.2）。

支持度：

$$s(X \rightarrow Y) = \frac{X \cup Y}{N} \quad (6.1.1)$$

置信度：

$$s(X \rightarrow Y) = \frac{X \cup Y}{X} \quad (6.1.2)$$

支持度表示 X 和 Y 的并集占总事务的比例，即 X、Y 同时出现（购买）的可能性，用于给定数据集的频繁程度；置信度表示 X 和 Y 的并集占 X 的比例，用于表示 Y 在包含 X 的事务中出现的频繁程度，即在购买了 X 的情况下购买 Y 的可能性。

例如，在表 6.1.2 所列的购物篮数据中，对于 {牛奶，尿布}→{啤酒} 这一规则，X 为牛奶、尿布，Y 为啤酒，X∪Y 即为 {牛奶，尿布，啤酒}，在数据集中出现了 2 次，数据集中总事务为 5，所以该规则支持度为 2/5 = 0.4。在 {牛奶，尿布} 这一组合中，数据集出现了 3 次，所以该规则的置信度为 2/3 = 0.67。

从上述的计算中可以看出，支持度可以用来衡量项集出现的概率，若支持度太低，则说明该组合可能是偶然出现，对于实际过程中的指导意义不大，因此，可以通过支持度来剔除那些无实际意义的规则。从置信度的公式可知，置信度是 X 被购买条件下 Y 出现的概率，可根据置信度对规则进行可靠性验证。

通过此例，可以得出关联分析的定义，即在给定的项集 T 中，找出支持度大于 Min_{sup} 且置信度大于 Min_{conf} 的所有规则，这些规则被称为关联规则，其中，Min_{sup} 表示对应的支持度阈值，Min_{conf} 表示对应的置信度阈值。

6.1.3 频繁项集

通常将满足最小支持度要求的所有项集叫作频繁项集。包含 1 个项的频繁项集称为频繁 1 项集，包含 k 个项的频繁项集称为频繁 k 项集，关联规则都是频繁项集。通常用于搜索频繁项集的算法被称为频繁项集发现算法，Apriori 算法是典型的频繁项集发现算法。将在任务 2 中详细学习这个算法的基本原理。

由于频繁项集里存在较多的冗余，因此又提出了频繁闭项集这一概念。在上述的案例中，如果顾客总是一起买"牛奶，尿布，啤酒"这三件商品，不会只买其中的两种，那么根据频繁项集的定义，这三种中的任意两个的组合以及三者组合，比如"牛奶，啤酒"，都是频繁项集。基于此种情况，将"牛奶，尿布，啤酒"三者的组合称作频繁闭项集。

知识点提炼

关联分析是探索交易记录中不同商品、不同项之间的相关关系，并用支持度和置信度两个指标进行衡量，同时将满足最小支持度要求的所有项集叫作频繁项集，这将是后续进行关联分析重要的基础。

知识拓展

在逛超市时，你是否想过为什么这两件商品放在一起，是否想过为什么这件商品放在货架的中心位置。世间万物都是具有普遍联系的，关联分析就是探索其内在的千丝万缕的关系，通过关联分析，可以发掘其内在的、深层的关系。在通过计算机技术挖掘发现过程中，你提升的不仅仅是专业知识，更可能会收获到意想不到的乐趣。

任务评估

习 题

1. 简述关联规则的一般表示形式。

2. 什么叫频繁项集？

学生评价

任务 1		关联分析的基本概念		
评价项目	评价标准		分值	得分
购物篮分析	了解什么是关联分析		10	
关联规则	会进行支持度、置信度的计算		10	
频繁项集	了解频繁项集的概念及方法		20	
合计			40	

教师评价

任务 1	关联分析的基本概念	
评价项目	是否满意	如何改进
知识技能的讲授		
学生掌握情况百分比		
学生职业素质是否有所提高		

习题答案

1. 关联规则是形如 X -> Y 形式的表达式，其中，X 和 Y 是项目集中不同的两个项。
2. 将满足最小支持度要求的所有项集叫作频繁项集。

任务 2　频繁项集挖掘方法

情境描述

在本任务中，将对关联规则挖掘中最常见的 Apriori 算法进行分析，进一步找出内部之间的关联规则，从而可以快速、高效地找出具有关联性的事务。

学习目标

（1）认识 Apriori 算法；
（2）了解由频繁项集产生的关联规则；
（3）对 Apriori 算法进行分析，了解其内部机理。

任务解析

6.2.1　Apriori 算法

Apriori 算法是目前最容易理解的频繁项集发现算法,它基于一条频繁项集的性质展开搜索,即任一频繁项集的所有非空子集也一定是频繁的,通常我们把这个性质也叫作 Apriori 性质。这个性质是 Apriori 算法提高搜索效率的关键。寻找频繁项集的策略是自下而上。即从包含少量项目的项集开始,依次向包含多个项目的项集搜索。

以图 6.2.1 为例,基于 Apriori 性质的频繁项集判别过程是这样的。如果最底层中只包含可乐的 1 – 项集不是频繁项集,则包含可乐的所有项集都不可能是频繁项集,后续无须再对这些项集进行判断。图中,A 代表面包、B 代表牛奶、C 代表可乐,如果最小置信度为 50% 的话,由图 6.2.1 可知,可乐在所有 5 次消费行为中仅出现了 1 次,不符合最小置信度的要求,是非频繁项。那么所有购买了可乐的消费行为一定是不频繁的,即这些项集不必再进行判断。

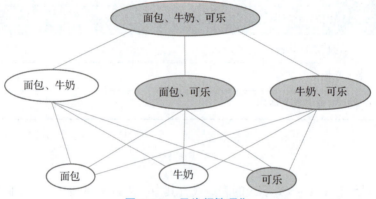

图 6.2.1　寻找频繁项集

Apriori 寻找频繁项集的过程是一个不断迭代的过程,每次迭代都包含两个步骤:第一,产生候选集 Ck。所谓候选集,就是有可能成为频繁项集的项目集合。第二,基于候选集 Ck,计算支持度并确定频繁项集 L_k。

寻找频繁项集

第 1 次迭代过程中,候选集为所有 1 – 项集 C_1,在 C_1 中寻找频繁项集,即计算 C_1 中所有 1 – 项集的支持度。支持度大于等于用户指定的最小支持度阈值的 1 – 项集成为频繁 1 – 项集 L_1。对于没有成为频繁项集的其他 1 – 项集,根据上述基本原则,包含它们的其他多项集不可能成为频繁项集,后续不必再考虑。

第 2 次迭代过程中,在 L_1 基础上进行。首先产生候选集 C_2。Apriori 算法通过 $L_k * L_k$ 产生候选集;在 C_2 中寻找频繁项集,即计算 C_2 中所有 2 – 项集的支持度,支持度大于等于用户指定的最小支持度阈值的 2 – 项集称为频繁二项集 L_2。重复上述过程,直到无法产生候选集项集为止。

简单来说,这个过程可以表述为首先找出频繁 1 – 项集的集合,该集合记作 L_1。L_1 用于找频繁 2 – 项集的集合 L_2,而 L_2 用于找 L_3,如此下去,直到找到频繁 k – 项集。

对于表 6.1.1 购物篮数据,初始化时,每个项都被看作候选 1 – 项集,在进行关联分析时，假设支持度阈值为 60%，则在总共 5 次购买行为中至少出现 3 次的项为频繁项。在此条件下，候选项集 {可乐} 和 {鸡蛋} 由于出现的事务少于 3 次，被丢弃。在下一轮迭代中，由剩余的频繁 1 - 项集产生候选 2 - 项集，因此算法产生的候选 2 - 项集数目为 $C_4^2 = 6$，通过计算对应的支持度，在新产生的这 6 个候选项集中，{啤酒、面包} 和 {啤酒、牛奶} 是非频繁的，剩余的 4 项集是频繁的，因此，2 - 项集有 4 个，并由这 4 个产生 3 - 项集。3 - 项集的产生过程与其他项集类似，将形成 $C_6^3 = 20$ 个 3 - 项集。根据先验原理，需要保留频繁的 3 - 项集，因此，唯一候选项集是 {面包，尿布，牛奶}。

观察此例的候选项集数目，可以发现，若采用暴力搜索策略，将产生 $C_6^1 + C_6^2 + C_6^3 = 41$ 个候选项，而使用 Aprioir 性质，将减少 6 + 6 + 1 = 13 个候选项，候选项目降低了 68%。

Apriori 算法有两个重要的特点：其一，是逐层算法，即从频繁 1 - 项集到最长的频繁项集，每次遍历项集中的一层；其二，使用产生 - 测试策略来发现频繁项集。在每次迭代之后，新的候选项集由前一次迭代发现的频繁项集产生，并对每个候选项集的支持度进行计算。该算法需要总的迭代次数是 K + 1，其中，K 为频繁项集的最大长度。

6.2.2 频繁项集产生关联规则

从频繁项集产生的所有简单关联规则中选择置信度大于设置的最小阈值的关联规则，从而组成有效的规则集合。

对于每一个频繁项集 M，遍历出 M 的所有非空子集的置信度数值，若其数值大于设定的最小置信度阈值，则产生对应的关联规则。以表 6.2.1 为例，假设最小置信度阈值为 75%，频繁项集产生的关联规则迭代过程如下：

依据频繁项集产生简单关联规则

表 6.2.1　顾客购买数据示例

TID	项集 X
001	ABCDE
002	BCE
003	ACE
004	ABE

第 1 次迭代，搜索到各项出现的次数，形成 1 - 项集 C_1，见表 6.2.2。

表 6.2.2　1 - 项集 C_1

1 - 项集 C_1	计数	S/%
{A}	3	75
{B}	3	75
{C}	3	75
{D}	1	25
{E}	4	100

从 C_1 中搜索频繁项集，形成频繁 1 – 项集 L_1，见表 6.2.3。

表 6.2.3　频繁 1 – 项集 L_1

频繁 1 – 项集	计数	S/%
{A}	3	75
{B}	3	75
{C}	3	75
{E}	4	100

第 2 次迭代，根据 L_1 形成 2 – 项集 C_2，见表 6.2.4。

表 6.2.4　2 – 项集 C_2

2 – 项集	计数	S/%
{AB}	2	50
{AC}	2	50
{AE}	3	75
{BC}	2	50
{BE}	3	75
{CE}	3	50

从 C_2 中搜索频繁项集，形成频繁 2 – 项集 L_2，见表 6.2.5。

表 6.2.5　频繁 2 – 项集 L_2

频繁 2 – 项集	计数	S/%
{AE}	3	75
{BE}	3	75

第 3 次迭代，根据 L_2 形成 3 – 项集 C_3，见表 6.2.6。

表 6.2.6　3 – 项集 C_3

3 – 项集	计数	S/%
{ABE}	2	50
{ACE}	2	50
{BCE}	2	50

从 C_3 中搜索频繁项集，发现均不满足最小置信度阈值要求，因此未有频繁 3 项集。

总之，在搜索频繁项集的过程中，项集应满足最小支持度和最小置信度阈值要求，配合计算规则提升度，以确保规则的可靠性。

知识点提炼

Apriori 算法通过逐层搜索，即从频繁 1 - 项集到最长的频繁项集，每次遍历项集中的一层，去判断是否符合最小置信度阈值要求，其重要的性质是任一频繁项集的所有非空子集也一定是频繁的。

知识拓展

Apriori 算法是由 Agrawal 和 Srikant 在 1994 年提出的，是机器学习的经典算法之一。随着计算机技术的不断发展，在关联分析方面也产生出了大量的新技术、新方法，如基于深度学习的关联分析、基于语义分割的关联分析等。在计算机领域，要树立终身学习的观念，不断紧跟时代潮流，培养创新意识，探索新技术、新方法。

任务评估

习 题

1. 简述 Apriori 算法的搜索策略。
2. 简述 Apriori 算法的特性性质。

学生评价

任务2		频繁项集挖掘方法	
评价项目	评价标准	分值	得分
决策树的概念	了解决策树结构	10	
决策树增长算法	学会决策树的增长算法	10	
决策树修剪	学会对决策树进行剪枝处理	20	
	合计	40	

教师评价

任务2		频繁项集挖掘方法
评价项目	是否满意	如何改进
知识技能的讲授		
学生掌握情况百分比		
学生职业素质是否有所提高		

习题答案

1. Apriori 采用逐层搜索策略产生所有的频繁项集。
2. Apriori 算法中，频繁项集的所有非空子集也是频繁的。

任务3　模式评估

情境描述

依据样本数据可以得到很多关联规则，但并非所有的关联规则都有效。也就是说，有的规则可能令人信服的水平不高，有的规则适用的范围有限，这些规则都不具有有效性。判断一条关联规则是否有效，应依据各种测度指标，其中最常用的指标是关联规则的置信度、支持度和提升度。

学习目标

1. 掌握简单关联规则的置信度和支持度的意义与计算方法；
2. 掌握简单关联规则有效性的判定标准；
3. 掌握简单关联规则实用性的判定标准。

任务解析

6.3.1　简单关联规则有效性的测度指标

简单关联规则的指标主要有置信度和规则支持度两个方面。规则置信度衡量的是关联规则的准确度，其意义是，在包含项目 X 的选项中同时包含项目 Y 的概率。其表示了 X 出现的条件下，项目 Y 出现的可能性。数学表达式见式（6.3.1）。

$$S_{X \to Y} = \frac{|T(X \cap Y)|}{|T(X)|} \qquad (6.3.1)$$

式中，T(X∩Y) 表示 X 和 Y 同时出现的项目数；T(X) 表示包含项目 X 的项目数。通过此公式可以发现，若某两个备选项置信度高，则说明在 X 出现时，Y 出现的可能性也高。

比如，啤酒→尿布（S＝70%，C＝85%），表示在购买啤酒的前提下，同时购买尿布的可能性为90%。

对于一个关联规则，如果仅从置信度方面考虑，是不够的。例如，10 000 名学生兴趣投票中，只有1人投了德语，同时也只有他投了韩剧，则 C（德语→韩剧）=100%。但是，作为老师，你会觉得喜欢德语的人100%喜欢看韩剧吗？因为数量少，所以其并不具有代表性。因此，又引出了支持度的概念。

简单关联规则的测度指标

关联规则的支持度测度了此规则出现的普遍性，即代表选项 X 和选项 Y 同时出现的概率，其数学表示见式（6.3.2）。

$$S_{X \to Y} = \frac{|T(X \cap Y)|}{|T|} \qquad (6.3.2)$$

式中，T 表示数据集总体数。支持度高，说明此规则具有大众性、普遍性，如面包→牛奶（S=85%，C=90%），表示同时购买面包和牛奶的可能性为 85%。在前面的例子中，S(德语→韩剧)=1/10 000=0.01%，支持度仅为 0.01%，说明该组合不具有普遍性。

另外，还可以计算简单关联规则中的前项支持度，其表示选项 X 在所有待选集合中的比例，计算公式见式（6.3.3）：

$$S_X = \frac{|T(X)|}{|T|} \qquad (6.3.3)$$

进一步分析可以发现，规则的支持度和规则的置信度具有某种内在关联，通过对数学表达式进一步分析，可以得出式（6.3.4）：

$$C_{X \to Y} = \frac{|T(X \cap Y)|}{|T(X)|} = \frac{S_{X \to Y}}{S_X} \qquad (6.3.4)$$

由表达式可以看出，对于规则置信度，只需要计算规则支持度和前项支持度。在数据范围内，项目 X 可能包含项目 Y，也可能不包含项目 Y。规则置信度反映的是其包含项目 Y 的概率，是规则支持度与前项支持度的比。

一个理想的简单关联规则应具有较高的置信度和较高的支持度。如果规则的支持度较高，但置信度较低，则说明规则的可信度差；如果规则的置信度较高，但支持度较低，则说明规则的应用机会很少。一个置信度较高，但普遍性较低的规则并没有太多的实际应用价值。因此，在进行关联规则分析时，应在若干个具有关联性的规则中筛选出那些满足最小置信度和最小支持度的规则。在进行设计时，需首先设定一个最小置信度 C_{min} 和最小支持度 S_{min} 的阈值。当某条规则经过计算后，大于最小置信度和支持度阈值，这个规则才是有效的。

基于上面的分析，可以看出阈值设置的重要性。为了获得有效的关联规则，阈值的设置要合理，如果支持度阈值太小，生成的规则会失去代表性，而如果支持度阈值太大，则可能无法找到满足阈值要求的规则；同样，如果置信度阈值太小，生成的规则的可信度就不高，而如果阈值太大，同样可能无法找到满足阈值要求的规则。

事实上，规则置信度和支持度的计算与统计中的列联表密切相关。表 6.3.1 是一个典型的列联表。

表 6.3.1 一个典型的列联表

		Y		合计
		1	0	
X	1	A	B	R_1
	0	C	D	R_2
合计		C_1	C_2	T

对于表 6.3.1，行表示前项 X，列表示后项 Y；A、B、C、D 为其对应的组合数值；R_1、R_2、C_1、C_2 为各行、各列的统计值；T 为对应的数据总量。在此表中，对于关联规则 X→

Y，不同含义的规则支持度计算如下：

规则置信度为 A/R_1；

规则支持度为 A/T；

前项支持度为 R_1/T；

后向支持度为 C_1/T。

6.3.2　简单关联规则实用性的测度指标

在6.3.1节中可以看出，若某条规则的置信度和支持度大于预设的最小置信度和最小支持度，其满足关联规则的要求，表示是一条有效的规则。在实践中可以发现，有效的规则在现实中未必具有一定的实际意义。如：电器→耗电，这是公认的规则，在实际中并无任何意义。因此，关联规则所揭示的关联关系可能是随机的关系，对于实际中的关系，还需进一步考虑。

例如，在购物篮分析中，发现购买尿布的顾客30%为男性。即，尿布→性别（男）（S＝30%，C＝50%），根据表6.3.1，相应的列联表见表6.3.2。

表6.3.2　超市数据列联表

	男	女	合计
买	30	70	100
未买	0	0	0
合计	30	70	100

若在进行关联分析时，指定的最小置信度和支持度为20%，则该规则符合要求，是一条有效的规则。对数据进行深入分析后发现，顾客中男性的比例同样为30%，即后向支持度为30%。即说明，购买尿布的性别比例和数据集中所有的男性比例是一致的。因此，这条规则没有提供更有意义的指导性信息，不具有实用性。

知识点提炼

简单关联规则的指标主要包括置信度和支持度两个维度，当某个规则的置信度和支持度均大于最小阈值时，其对应的规则才是有效的，但有效的规则在实际中未必具有意义，需根据情况，深入进行分析。

知识拓展

关联规则所揭示的各项之前的关系既可能是正向的关系，也可能是反向的关系，需参考关联规则其他指标进一步进行分析，才能把握其中的实际意义。在生活中，也是同样的道路，要培养独立思考能力、探索求知精神，才能不被表面现象所迷惑，从而获得内在的本质规律。

任务评估

习 题

1. 简述置信度的计算公式。
2. 简述支持度的计算公式。

学生评价

任务3	模式评估		
评价项目	评价标准	分值	得分
置信度	置信度的计算方法	10	
支持度	支持度的计算方法	10	
规则应用	基于实际场景应用规则	20	
合计		40	

教师评价

任务3	模式评估	
评价项目	是否满意	如何改进
知识技能的讲授		
学生掌握情况百分比		
学生职业素质是否有所提高		

习题答案

1. X 和 Y 同时出现的事务数占 X 事务数的比例。
2. X 和 Y 同时出现的事务数占总事务数的比例。

任务 4 Apriori 算法应用

情境描述

在本任务中,将以提供的超市顾客个人信息和购买的商品数据为基础,对目前最常用的 Apriori 算法进行分析,通过实际案例掌握 Apriori 算法。

学习目标

(1) 熟悉 Modeler 中 Apriori 算法的操作步骤;

（2）能够对结果进行解读；

（3）知道通过自己的努力，从而能够服务群众，奉献社会。

任务解析

6.4.1 数据集解析

数据包括两大部分的内容，第一部分是1 000名顾客的个人信息。主要变量有：会员卡号（cardid）、消费金额（value）、支付方式（pmethod）、性别（sex）、是否户主（homeown）、年龄（age）；第二部分是这1 000名顾客一次购买商品的信息，主要变量有：果蔬（fruitveg）、鲜肉（freshmeat）、奶制品（dairy）、蔬菜罐头（cannedveg）、肉罐头（cannedmeat）、冷冻食品（frozenmeal）、啤酒（beer）、葡萄酒（wine）、软饮料（softdrink）、鱼（fish）、糖果（confectionery），均为二分类型变量。取值T表示购买，F表示未购买，相关数据见表6.4.1。

表 6.4.1 购物篮示例数据

cardid	39808
value	42.712
pmethod	CHEQUE
sex	M
homeown	NO
income	27 000
age	46
fruitveg	F
freshmeat	T
dairy	T
cannedveg	F
cannedmeat	F
frozenmeal	F
beer	F
wine	F
softdrink	F
fish	F
confectionery	T

通过对购物篮进行分析，挖掘出哪些商品最有可能同时购买，本项目流图如图6.4.1所示。

项目 6　关联分析

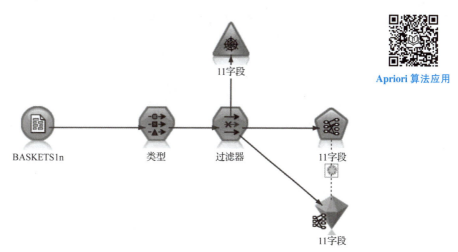

Apriori 算法应用

图 6.4.1　关联分析流图

首先，通过"可变文件"节点读入数据，在安装 SPSS Modeler 时，此数据存放在".. \ Modeler\18.0\Demos\BASKETS1n"位置。其次，选择"类别"选项卡，对各个字段数据进行输入、输出设计。再次，通过"过滤"操作，剔除无用的字段数据。最后，通过"建模"选项卡，选择"Apriori"节点进行数据关联分析。

6.4.2　相关参数设计

在"类型"选项卡中，为每个变量指定角色，通过 Apriori 进行关联分析时，个人信息是无效的，需进行剔除。由于各个商品并没有明确是输入变量还是输出变量，因此，在进行设计时，相关字段设置如图 6.4.2 所示。

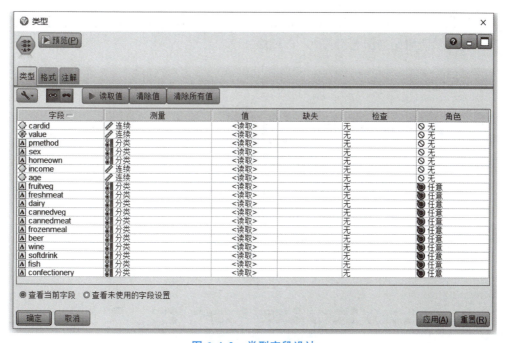

图 6.4.2　类型字段设计

在"过滤器"选项卡中,将第一部分数据,即会员卡号、消费金额、支付方式等个人信息进行过滤,以剔除无意义的关联规则,确保关联分析的实用性。相关参数设置如图6.4.3 所示。

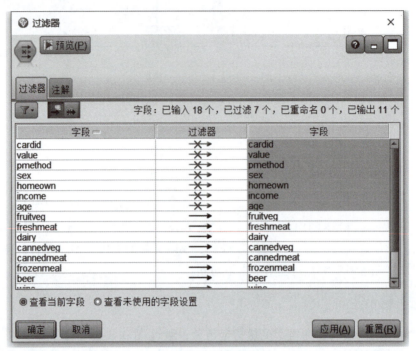

图 6.4.3 过滤器设计

对于不同项目之间的共现关系大小,可以利用"图形"中的"网络图"进行可视化。在进行可视化时,首先选择所有字段的数据,并勾选"仅显示 true 值标签",随后单击"运行"按钮,即可查看到如图 6.4.4 所示的网络图。

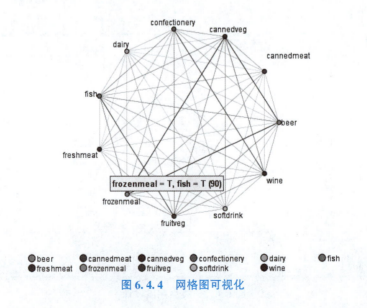

图 6.4.4 网格图可视化

随后在"建模"选项卡中选择"Apriori"进行关联分析。双击构建的 Apriori 模型，在弹出的对话框中，在"模型"选项卡中设置好"最低条件支持度"与"最小规则置信度"，并勾选"仅包含标志变量的 true 值"，如图 6.4.5 所示。

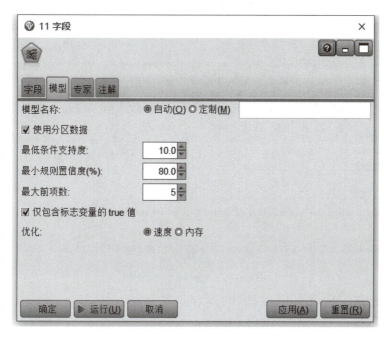

图 6.4.5 模型选项卡参数设置

（1）最低条件支持度：指定前项最小支持度，默认为 10%；最小规则置信度：指定规则的最小置信度，默认为 80%；最大前项数：为防止关联规则过于复杂，可指定前项包含的最大项目数，默认为 5。

（2）仅包含标志变量的 true 值：选中表示只显示项目出现时的规则，而不显示项目不出现时的规则。本例关心的是商品的连带购买，因此选中该选项。

6.4.3　结果解读

本例的分析结果如图 6.4.6 所示。

Modeler 以列表形式列出了计算所得的简单关联规则。例如，2 号关联规则是购买啤酒和蔬菜罐头时，会同时购买冷冻食品。啤酒和蔬菜罐头的样本量为 167。购买啤酒和蔬菜罐头的顾客有 87.4% 的可能性会购买冷冻食品。该规则的支持度为 14.6%。2 号关联规则的提升度为 2.895。

知识点提炼

进行关联分析的基本步骤：选择"类别"选项卡，导入数据；选择"类别"选项卡，对各个字段数据进行输入、输出设计；选择"过滤"选项卡，剔除无用的字段数据；选择"建模"选项卡，选择"Apriori"算法进行数据关联分析。

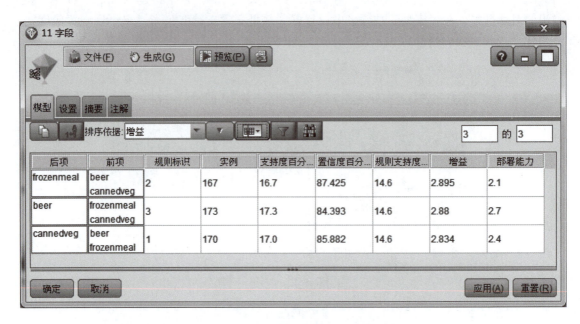

图 6.4.6　Apriori 分析结果

知识拓展

关联分析用于发现隐藏在大型数据集中的，有价值、有意义的联系。其用于研究诸多商品、诸多事务之间是否存在某种关联，如果存在某种关联性，并且此关联性具有一定的实际意义，则可以通过产品组合来达到更佳的售卖效果。通过关联分析，不仅可以提升客单价，也可以促进销量的提升，充分地显示出计算机指导生活生产的能力，进一步加深对科学技术是第一生产力的理解。

任务评估

习　题

实训：分析 students.xlsx 各变量之间的关联规则。要求：

（1）调整是否无偿献血、家长是否鼓励、是否参与，肯定时为 1，否定时为 0；

（2）调整在校综合评价指数 40 分以上为 1，否则为 0；

（3）性别为 2 时，调整为 0；

（4）前项和后项都是全选，最低条件支持度为 35%，最小规则置信度为 50%，最大前项数为 10，评估测量为规则置信度。

请问：

（1）产生了几条关联规则？

（2）与你预测的是否一致？有没有新发现？

学生评价

任务 4	Apriori 算法应用		
评价项目	评价标准	分值	得分
Apriori 算法的原理	Apriori 算法各模块的作用	10	
Apriori 算法的使用方法	Apriori 算法应用的方法	10	
结果分析	Apriori 算法结果分析	20	
合计		40	

教师评价

任务 4	Apriori 算法应用	
评价项目	是否满意	如何改进
知识技能的讲授		
学生掌握情况百分比		
学生职业素质是否有所提高		

习题答案

略。

任务 5　序列关联基本概念

情境描述

本任务主要介绍时序分析中的序列关联中的基本概念和时间约束，从而更加了解序列关联的内容和能够处理的问题。

学习目标

通过本任务的学习，根据实际需求，应该能够：
(1) 掌握序列和序列测度指标；
(2) 了解关联规则和测度指标；
(3) 掌握序列关联的时间约束。

任务解析

6.5.1　序列关联中的基本概念

1. 序列和序列测度指标

序列被称为序列关联研究，其主要的研究对象是事务序列。

序列具有明显的时间前后的属性,即后项事务与前项事务具有一定的关联关系,如当购买一款新手机后,会考虑购买该型号手机的手机壳或手机膜等手机配件,而不会先购买手机壳或手机膜等手机配件,再去购买手机。

序列有以下几个特性:

(1) 序列中的组成元素包括项集和顺序标志。其中,项集用 C 表示,而顺序标志用 > 表示。

(2) 序列根据事务的先后顺序可以拆分为若干个子序列。此外,子序列还可以继续拆分为单个项集,项集可以被视为最小单元的序列。

(3) 描述一个序列的重要测度指标是序列的长度和序列的大小。其中,序列的长度是指序列所包含的项集的个数,而序列的大小是指序列所包含的项目个数。

(4) 序列支持度是计算序列普遍性的测度指标,其被定义为所包含某序列的事务序列数占总事务序列数的比例。

下面将通过一个实例详细介绍序列。表 6.5.1 所列为一家超市顾客的消费记录数据。

表 6.5.1 超市顾客消费记录数据

顾客编号	购买时间 0	购买时间 1	购买时间 2	购买时间 3
000	<啤酒,尿布>	<花生>	<大米>	<香肠>
001	<面包>	<啤酒>	<花生>	<大米>
002	<花生>	<大米>	<尿布>	<啤酒>
003	<花生>		<面包>	<啤酒,尿布>
004	<香肠>	<啤酒,尿布>		<尿布>

表中记录了 5 名顾客在不同的时间点购买的商品信息。顾客编号是顾客的唯一标识,也是每个事务序列的唯一标识。购买时间 0 到购买时间 3 代表一定的时间前后顺序,即购买时间 0 在最前,购买时间 3 在最后。值得注意的是,表中同一列上的商品并不一定是在同一时间内购买的,并且不同顾客购买的具体时间也可以不相同,表中的购买时间只表明一个先后顺序。

根据序列的 4 条特性,可以得到以下结果:

(1) 顾客编号为 000 的顾客购买序列可以表示为:C(啤酒,尿布)>C(花生)>C(大米)>C(香肠);顾客编号为 003 的顾客购买序列可以表示为:C(花生)>C(面包)>C(啤酒,尿布)。

(2) 顾客编号为 000 的顾客购买序列可以表示为:C(啤酒,尿布)>C(花生)>C(大米)>C(香肠),可以拆分为 C(啤酒,尿布)>C(花生),C(花生)>C(大米),C(大米)>C(香肠),C(啤酒,尿布)>C(大米),C(啤酒,尿布)>C(香肠),C(花生)>C(香肠)6 个子序列。

(3) 顾客编号为 000 的顾客的购买序列包含了 4 个项集,因此,序列长度为 4。同时,该序列共包括 5 个具体项目,因此序列大小为 5。

(4) 在表 6.5.1 中，C(花生) > C(大米)的序列支持度为 3/5 = 0.6。

2. 序列关联规则和测度指标

序列关联研究的最终目标是生成相对应的序列关联规则，从其序列关联规则中可以观察出事务发展的前后关联关系，并以此对后续可能发生的事务进行预测。

序列关联规则的一般形式通常可表述为：X⇒Y(支持度,置信度)。

其中，X 表示为序列关联规则的前项，其主要指一个序列、一个项目或一个项集，也可以表示为一个逻辑与、逻辑或或逻辑非的逻辑表达式；Y 表示为序列关联规则的后向，其一般为一个项目或一个项集，指的是某种结论或事实；⇒为连接前项和后项的符号，表示为后续发展。值得注意的是，关联规则只有大于用户指定的最小支持度和置信度才能被称为有效的规则。

例如：C(啤酒,尿布) > C(花生)⇒C(大米)就是一个序列关联规则，其表示为购买啤酒和尿布后又购买了花生，则将购买大米；C(花生)⇒C(大米)也是一条序列关联规则，预测购买了花生之后可能会去购买大米。

序列关联规则的测度指标包括：

(1) 序列关联规则的支持度可以被定义为一个事务序列中所包含的某序列规则的事务数占总事务数的比例。

(2) 序列关联规则的置信度可以被定义为一个事务序列中同时包含前项和后项事务数与仅包含前项事务数的比值，也可以是规则支持度与前项支持度的比值。

根据序列关联规则的两个特性，可以得出下列结论：

(1) 表 6.5.1 中，C(啤酒,尿布) > C(花生)⇒C(大米)的支持度为 1/5 = 0.2；C(花生)⇒C(大米)的支持度为 3/5 = 0.6。

(2) 表 6.5.1 中，C(啤酒,尿布) > C(花生)⇒C(大米)的置信度为 1/1 = 1；C(花生)⇒C(大米)的置信度为 3/4 = 0.75；C(啤酒)⇒C(花生)的置信度为 1/5 = 0.2。

6.5.2 序列关联的时间约束

序列关联需要涉及时间的先后问题，因此，需要规定在什么时间内做哪些操作和发生何种事务，即一项事务属于同一时间或不同时间。在本节中仍然以顾客购买来举例，应规定在什么时间内的购买行为属于一次购买，什么时间内的购买行为属于两次购买行为。如：一名顾客购买了花生，当走到超市时，想起妻子让其买一些大米和尿布，于是又进入超市进行购买。现需要思考一下，该顾客的购买行为是一次购买行为还是两次购买行为，该购买行为直接关系到购买序列的表示，即是 C(花生) > C(大米,尿布)还是 C(花生,大米,尿布)，并且将影响后续一系列的分析计算。因此，序列关联的时间约束是相当有必要的。

序列关联的时间约束包括持续时间和时间间隔。

持续时间又被称为时间窗口或交易有效时间，需要进行人为的设定。持续时间可以很短，也可以很长，很短可短至秒、分钟，很长可长至月、季度等。如设定购物时间为 30 分钟，即上述实例中的顾客无论是走出超市回到家中，还是一直在超市中购物，只要不超过 30 分钟，即可认定为一次购物行为，当超过 30 分钟时，可认定为两次购物行为。

时间间隔指的是在一个事务序列中相邻的两个子序列之间的时间间隔，应当人为给定一个时间间隔区间[a，b]，其中，a应当小于b，即表示相邻的两个行为或事务发生的时间间隔应当大于a、小于b。同样以上述购物顾客为例，当给定的时间间隔区间为[10分钟，30分钟]时，如果将第二次进行超市购买大米和尿布的行为表示为第二次购买行为，那么其与第一次购买花生行为发生的间隔时间应大于10分钟，小于30分钟。

知识点提炼

1. 序列的特征：序列中的组成元素包括项集和顺序标志；序列根据事务的先后顺序可以拆分为若干个子序列；描述一个序列的重要测度指标是序列的长度和序列的大小；序列支持度是计算序列普遍性的测度指标。
2. 序列关联规则的测度指标包括支持度和置信度。

知识拓展

序列关联研究的目的是从所收集的众多序列中找到事务发展的前后关联性，进而推断其后续发生的可能性。其可用来观察具有前后顺序的时序数据中蕴含的一些关联关系。本任务主要介绍了序列和序列的测度指标、序列关联规则和序列关联规则的测度指标以及时间约束。通过序列的测度指标可以分析序列的长度、序列的大小和序列的支持度；通过序列关联规则的测度指标可以分析序列关联规则的支持度和序列关联规则的置信度；通过时间约束的持续时间和时间间隔可以明确是一次行为还是两次或多次行为。

任务评估

习 题

1. 序列关联研究的对象是什么？
2. 序列是由什么组成的？
3. 请简要描述序列关联规则支持度的含义。
4. 序列关联分析中的时间约束主要包括什么？

学生评价

任务 5		序列关联基本概念		
评价项目	评价标准		分值	得分
序列和序列测度指标	序列的长度、序列的大小和序列的支持度		10	
序列关联规则和测度指标	序列关联规则的支持度、序列关联规则的置信度		10	
时间约束	持续时间、时间间隔		10	
合计			30	

教师评价

任务 5	序列关联基本概念	
评价项目	是否满意	如何改进
知识技能的讲授		
学生掌握情况百分比		
学生职业素质是否有所提高		

习题答案

（1）序列关联研究的对象是事务序列。
（2）序列由项集和顺序标志组成。
（3）序列关联规则的支持度定义为包含某序列规则的事务数占总事务数的比例。
（4）序列关联分析中的时间约束主要包括持续时间和时间间隔。

任务6 序列关联的算法

情境描述

上一任务介绍了序列关联的基本概念，包括序列和序列测度指标、序列关联规则和序列关联规则测度指标以及时间约束，本任务将详细介绍序列关联算法——Sequence 算法，并在 SPSS Modeler 中利用 Sequence 算法解决实际问题。

学习目标

通过本任务的学习，根据实际需求，应该能够：
1. 掌握序列和序列测度指标；
2. 了解序列关联规则和序列关联规则测度指标；
3. 掌握序列关联的时间约束。

任务解析

6.6.1 Sequence 算法

Sequence 算法是 1995 年由阿格拉瓦尔与斯里坎特一起提出的，其与关联规则算法 Apriori 相似，也包含两个部分：首先，算法需要产生频繁序列集；其次，算法会依据频繁序列集生成序列关联规则。

频繁序列集指的是包含在一个序列中所有序列支持度大于用户设定最小支持度的子序列的集合。为了提升算法的运算效率，Sequence 算法设定，只有最小频繁子序列才能构成频繁子序列，因此，需要首先遍历查找序列中的最小频繁子序列。此外，因为只有频繁子序列才能用来组成频繁序列,所以需要不断地查找频繁子序列。

与 Apriori 算法类似的是,Sequence 同样需要设置候选集合,从而在候选集合中确定频繁项集、频繁子序列和频繁序列。然而,Sequence 算法采用的是边读入边计算,批量筛选的动态处理策略,这一点与 Apriori 算法略有不同。

值得注意的是,Sequence 算法作为动态数据处理方法,为了减少计算机内存的开销,不是一次性将全部数据进行读入。这种动态数据处理策略适合大规模数据集和动态数据集的处理,并且被许多在线数据分析程序所采用。

由于生成的频繁序列的序列长度不尽相同,而且序列的前后顺序也取决于事务数据的前后顺序,序列间的内在关系无法很好地体现出来,因此,生成的序列关联规则会较为烦琐,当频繁序列集庞大时更甚。为此,Sequence 算法将频繁序列组织成邻接格(adjacency lattice)的形式。这里所谓的邻接,表示的是如果对序列 A 增加一个最小子序列,可以得到另一个序列 B。邻接格能够有效地表示频繁序列的内在关系,从而使得序列关联规则的生成更加准确和快捷。

6.6.2　Sequence 算法实例

本节将以网民浏览的历史数据作为 Sequence 算法的实例进行讲解。使用文件名为 WebData.mdb 的数据库,其中,网民 ID 被设置为 CustomerGuid,网民浏览网页的类型被设置为 URLcategory,而网民浏览的前后次序被设置为 SequenceID。

1. 数据准备

首先,利用"源"选项卡中的 SQL 数据库节点读入 WebData.mdb 中的 ClickPath 表,并新引入两个 SQL 数据库节点分别读入 WebData.mdb 中的 Customer1 表和 Customer2 表;其次,将这三个数据源进行合并集成处理,以"CustomerGuid"字段进行合并;最后,从"字段"选项卡中选择"类型"节点进行筛选。此时,数据准备工作已经完成,如图 6.6.1 所示。

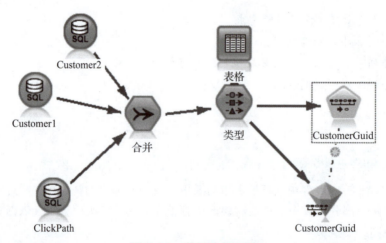

图 6.6.1　数据准备阶段

2. Sequence 序列及参数设置

从"建模"选项卡中选择"序列"节点,拖入 SPSS Modeler 软件界面中,并将其连接到数据流的合适位置中。同时，右击"序列"节点，对其参数进行设置。图6.6.2中展示了"序列"节点的参数，包括字段、模型、专家和注解四个选项卡。

图6.6.2 设置"序列"节点参数

图6.6.2中展示了"字段"选项卡。该选项卡主要用于设置序列关联分析的主要参数。"标识字段"主要用来指定唯一标识分析任务序列的变量；"标识连续"表示将指定的变量进行排序；"使用时间字段"表示指定某个时间点或者时间先后顺序的变量；"内容字段"表示指定存放分析任务的变量。

图6.6.3中展示了参数中的"模型"选项卡。该选项卡主要用来设置序列关联规则的支持度和置信度参数。其中，"最小规则支持度（%）"表示设置序列关联规则的最小支持度；"最小规则置信度（%）"表示设置序列关联规则的最小置信度；"最大序列大小"表示设置序列大小允许的最大值；"要添加到流的预测"则表示设置利用置信度最高的前几个序列关联规则对样本进行推测。

图6.6.4中展示了参数中的"专家"选项卡。该选项卡主要用于设置序列关联分析的其他参数。其中，"模式"主要用来选择SPSS Modeler是哪种模型，有"简单"和"专家"两种模型；"设置最长持续时间"指定最长的持续时间；"设置修剪值"表示处理完几个分析任务序列后，剔除频繁序列候选集合小于最小支持度的序列；"抑制项目集之间的间距"则表示指定时间的间隔，如果以时间点的变量作为日期或时间戳类型变量，则间隔以秒计算，而如果为数值型变量，则间隔为同样计量单位的指定数字。

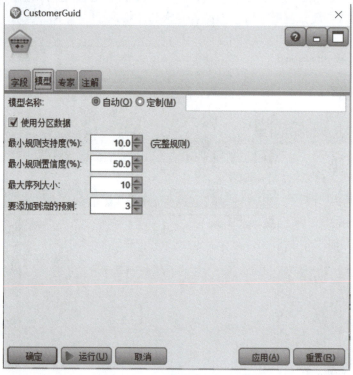

图 6.6.3 "模型"参数设置

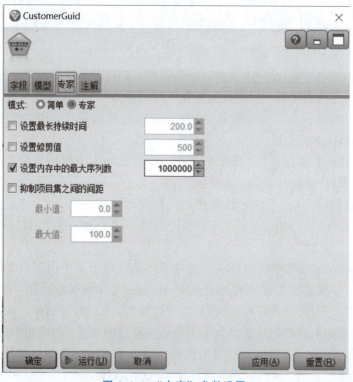

图 6.6.4 "专家"参数设置

3. 结果分析

Sequence 算法关联分析结果如图 6.6.5 所示。

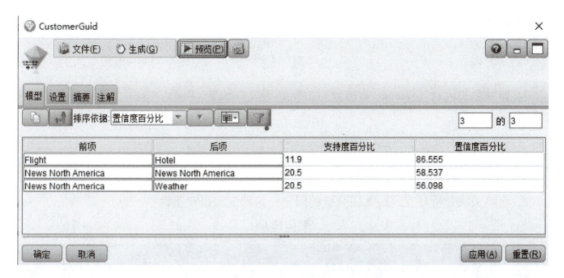

图 6.6.5 Sequence 算法关联分析结果

从图 6.6.5 中可以得到以下结论：

C(Flight)⇒C(Hotel)(86.555%)，表示浏览过航空信息的网民有 86.555% 的概率会去浏览有关酒店的信息。

C(New North America)⇒C(New North America)(58.537%)，表示浏览过北美新闻网站的网民有 58.537% 的概率会继续浏览北美新闻网站的其他信息。

C(New North America)⇒C(Weather)(56.098%)，表示浏览过北美新闻网站的网民有 56.098% 的概率将会去浏览有关天气预报的网页。

通过上述的结果，可以分析网民浏览网站的行为，并得到绝大部分网民浏览的规律，也可以称其为具有一定可信度的网民共性浏览模式。除此之外，还可以使用 Sequence 算法来分析网民的年龄、教育水平和所处位置等信息。

知识点提炼

1. Sequence 算法是 1995 年由阿格拉瓦尔与斯里坎特一起提出的。
2. 使用"建模"选项卡中的"序列"节点来实现 Sequence 算法，"序列"节点中包含字段、模型、专家和注解四个选项卡。

知识拓展

在商业领域中，基于 Sequence 的序列关联分析中的任务标识还可以是顾客的会员卡信息，但如果从宏观分析角度来看，任务表示也可以是商品的种类、商品生产的地区、商品的城市或者国家等。分析结果可以帮助企业管理人员来分析商品的销售模式、地区或城市的营销特点。

需要注意的是，无论是进行简单的关联分析还是进行序列关联分析，都存在同层关联分析和层间关联分析的多种问题。

任务评估

习 题

1. 如果想要进行 Sequence 算法分析数据，需要在 SPSS Modeler 的哪个选项卡里选择哪个节点？
2. "字段"节点的主要作用是什么？其有几个选项卡？
3. "专家"节点的"专家"模式有几个选项卡？
4. "模型"节点有几个选项卡？
5. 简单关联分析只有同层关联分析的问题，这种说法是否正确？

学生评价

任务6	序列关联的算法		
评价项目	评价标准	分值	得分
Sequence 算法	概念、原理	10	
序列关联算法实现	SPSS Modeler 实现序列关联算法	10	
	合计	20	

教师评价

任务6	序列关联的算法	
评价项目	是否满意	如何改进
知识技能的讲授		
学生掌握情况百分比		
学生职业素质是否有所提高		

习题答案

1. 在 SPSS Modeler 软件的"建模"选项卡里选择"序列"节点。
2. "字段"选项卡主要用于设置序列关联分析的主要参数，其包括"标识字段""标识连续""使用时间字段""内容字段"。
3. "专家"模式下有"设置最长持续时间""设置修剪值""抑制项目集之间的间距"。
4. "模型"选项卡主要用来设置序列关联规则的支持度和置信度参数，包括"最小规则支持度（%）""最小规则置信度（%）""最大序列大小""要添加到流的预测"。
5. 错误。

项目 7 决策树算法

决策树，顾名思义，是一种树形结构。在模型构建过程中，将数据集根据一定规则进行分裂，进行因果变量的决策。其中，每一个分裂点是一个判断条件，不再分裂后，即得到了最终的结论。

决策树采取了"分而治之"的思想，是分类问题、回归问题中常用的一种基本方法，主要包括特征选择、决策树生成和决策树修剪三个步骤。在学习和使用过程中，不需要使用者了解过多的背景知识，即可完成模型构建，易于理解和实现。

项目任务导读：

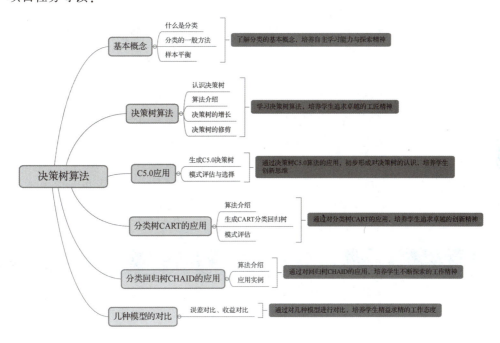

任务1 基本概念

情境描述

通过对本任务的学习，可以对分类任务形成基本的认识，了解什么是分类、分类的一般方法以及对应的样本数据处理方式。

学习目标

通过本任务的学习，能够达成以下目标：
（1）了解决策树的基本概念及组成；
（2）熟悉各特征在决策树内部的计算过程；
（3）对决策树判断效果进行评估。

任务解析

7.1.1 什么是分类

分类是在平时生活中普遍存在的一个问题，其目的是确定对象属于预定义的目标类，是数据挖掘领域中研究和应用最为广泛的技术之一，其在银行、医疗、互联网等领域有着广泛应用。

在银行系统中，可以辅助工作人员将正常信用卡用户和欺诈信用卡用户进行分类，从而采取有效措施来减少银行的损失；在医疗诊断上，可以帮助医护人员将正常细胞和癌变细胞进行分类，从而制订救治方案；在互联网方面，可以协助工作人员将正常邮件和垃圾邮件进行区分，从而制定有效的垃圾邮件过滤机制。

分类是把数据样本映射到一个已定义的类别中的学习过程，即给定一组输入的属性向量及其对应的类，用相关学习算法得出对应的类别。该问题通过分析输入数据在训练过程中表现出来的特性，为每一类找到一种准确的描述或模型。

在分类任务中，输入数据是记录的集合，每条记录称为实例，用元组（x,y）表示，其中，x 是属性的集合，y 是其对应的类别。表 7.1.1 中列出了一个样本的数据集，将脊椎动物分为哺乳类、鸟类、鱼类、爬行类和两栖类，即对应实例中的 y。体温、表皮覆盖、飞行能力和在水中生存的能力等指明脊椎动物的性质，对应实例中的 x。对于不同的任务，属性 x 可以为离散的特征，也可以为连续的特征，但类别 y 必须是离散的变量，以表示不同的类别。

表 7.1.1 脊椎动物的数据集

名字	体温	表皮覆盖	胎生	水生动物	飞行动物	有腿	冬眠	类别号
人类	恒温	毛发	是	否	否	是	否	哺乳类
鲑鱼	冷血	鳞片	否	是	否	否	否	鱼类
鲸	恒温	毛发	是	是	否	否	否	哺乳类
青蛙	冷血	无	否	半	否	是	是	两栖类
鸽子	恒温	羽毛	否	否	是	是	否	鸟类
猫	恒温	软毛	是	否	否	是	否	哺乳类

续表

名字	体温	表皮覆盖	胎生	水生动物	飞行动物	有腿	冬眠	类别号
海龟	冷血	鳞片	否	半	否	是	否	爬行类
企鹅	恒温	羽毛	否	半	否	是	否	鸟类
鳗	冷血	鳞片	否	是	否	否	否	鱼类

下面来看分类问题的定义。分类任务就是通过学习得到一个目标函数 f(x)，把数据中的属性集 x 映射到一个预先已定义的类标号 y 中。其中，目标函数称为分类模型，可以作为解释性的工具来区分不同类中的对象。

分类模型可以用于预测未知记录的类标号，如图 7.1.1 所示。分类模型可以看作一个黑箱，当给定未知记录的属性集上的数值时，可以判断出其所处的类标号。

图 7.1.1　根据输入属性 x 确定类标号 y

假设有一种叫作蜥蜴的生物，其特征见表 7.1.2。

表 7.1.2　蜥蜴特征

名字	体温	表皮覆盖	胎生	水生动物	飞行动物	有腿	冬眠	类别号
蜥蜴	冷血	鳞片	否	否	否	是	是	?

可以根据表 7.1.1 中的数据集建立分类模型，来确定该生物所属的类别。

7.1.2　分类的一般方法

分类技术是一种通过对输入数据进行分析，从而建立其对应分类模型的方法。在分类模型建立过程中，常用的有决策树算法、基于规则的分类法、神经网络、支持向量机和朴素贝叶斯分类器等。这些模型都能在不同程度上拟合输入数据中类标号和属性集之间的联系，使得到的模型不仅可以很好地拟合输入数据，还能够正确地预测未知样本的类标号，使其具备一定的泛化能力。

图 7.1.2 为处理分类问题的基本流程。在分类任务进行之前，首先需要有一个训练集（训练数据集），其中，数据包括属性和类别两大部分，通过训练集建立分类模型。为了验证模型的效果，由一些类别号未知的记录构成验证集（测试数据集），以对模型进行验证。这个过程也是有监督学习（有教师的学习）的基本过程。

模型的分类效果可以通过验证集中正确的分类个数和错误的分类个数进行评估。对于二分类问题，假设其结果为 0 和 1，正确的分类包括将真值 0 分类为 0，将真值 1 分类为 1；错误的分类包括将真值 0 分类为 1，将真值 1 分类为 0。把这些数据按照一定的位置存放在一起，就形成了表 7.1.3 所列的混淆矩阵。

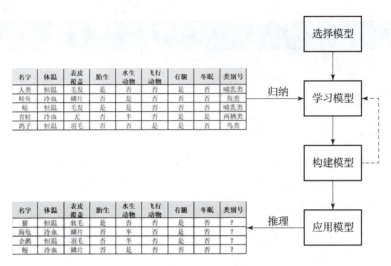

图 7.1.2　处理分类问题的基本流程

表 7.1.3　二类问题的混淆矩阵

		预测值	
		1	0
真值	1	f_{11}	f_{10}
	0	f_{01}	f_{00}

在表 7.1.3 中，f_{ij} 表示真值 i 被预测成 j 的数量。例如，f_{10} 表示真值属于第 1 类，但模型预测的类别为 0。按照表中所列的数据，经过分类模型预测后，正确的预测样本总数是（f_{11} + f_{00}），错误的分类数量是（f_{10} + f_{01}）。基于数量信息并不能完全反映模型预测效果，进一步地，可根据正确分类数量和错误分类数量得出模型准确率的计算公式如下：

$$正确率 = \frac{正确预测数量}{预测总数} = \frac{f_{11} + f_{00}}{f_{11} + f_{10} + f_{01} + f_{00}} \qquad (7.1.1)$$

同样，构建模型的错误率可用式（7.1.2）所示的表达式来表示：

$$错误率 = \frac{错误预测数量}{预测总数} = \frac{f_{10} + f_{01}}{f_{11} + f_{10} + f_{01} + f_{00}} \qquad (7.1.2)$$

因此，在进行模型构建时，预测的数值越准确越好，即对应的准确率越高越好。

7.1.3　样本平衡

在进行数据挖掘时，往往假定训练数据中各个类别是同等数量的，即对于每一个真值，其对应的数据量接近，各类样本数目是均衡的。但在现实的场景中遇到的问题却常常不符合这个假设，如对个人贷款风险进行分类，所面对的客户以低风险人群居多，高风险用户数量较少。若采用不平衡样本，会导致训练模型侧重于样本数目较多的类别，而"轻视"样本数目较少的类别，这样模型在测试数据上的泛化能力就会受到影响。比如，训练集中有 99

个正例样本，1个负例样本。若不考虑样本均衡，模型会使分类器放弃负例预测，因为把所有样本都分为正例便可获得高达99%的准确率。所以，对于样本不均衡问题，须采用相关的方法进行处理，达到样本均衡的状态，才能送入模型中进行训练。

对于此问题，在数据层面上，可以通过采样和数据增强两方面进行处理。数据采样包括上采样和下采样。当样本数量较少时，可使用上采样，即复制该数据直至与样本最多类的样本数一致。当然，采用数据扩充方式替代简单的复制效果会更好。对于样本数量较多的类别，可采用下采样，以达到较少分类的样本数量。比如，原数据分布情况是正、负样本平均数量比例为5:1，如果采用下采样，可从5个正例样本中随机挑选1个放入训练集的正例数据，负例数据不变，这样可使每批选取的数据中正、负比例均等。此外，若仅仅将数据上采样，会重复训练增加的数据，极易引起模型的过拟合，因此，在进行设计时，可将上采样和下采样结合使用，从而实现数据的平衡。

数据增强是指从原始数据中加工出更多的数据表示，提高原数据的数量和质量，从而提高模型的学习效果。根据数据的不同，数据增强有不用的方法。对于图像数据，可以通过颜色变换、灰度变换、随机查出、剪切旋转等操作来实现数据的扩充；随着深度学习方法的日益成熟，基于深度学习的数据增强方法越来越被广泛使用，如变分自编码网络（VAE）和生成对抗网络（GAN），其生成样本的方法也可以用于数据增强，这种基于网络合成的方法相比于传统的数据增强技术虽然过程复杂，但是生成的样本更加多样。

通过数据平衡与数据增强，具有如下优点：
（1）增加训练的数据量，提高模型的泛化能力。
（2）增加噪声数据，提升模型的鲁棒性。
（3）一定程度上解决过拟合问题。

知识点提炼

分类是生活中常见的一个问题，是将对应的数据样本映射到一个已定义的类别中，其目的是确定对象所属的类别。通过本任务的学习，可以进一步了解什么是分类、分类的一般方法以及对应的数据处理方式。

知识拓展

与分类任务相对应的是回归任务，其通过若干个数据作为输入，输出一个连续变化的值，从而代表对应的预测数据。分类和回归最明显的特征就是其对应的输出值，若为几个特定的离散值，则为分类任务，若为连续变化的数值，则为回归任务。

任务评估

习 题

1. 什么是分类？
2. 分类的一般方法有哪些？
3. 为什么要进行样本平衡？

学生评价

任务1	基本概念		
评价项目	评价标准	分值	得分
分类的概念	了解什么叫分类	10	
分类的一般方法	了解分类问题中常用的方法	10	
样本平衡的处理	学会处理不均衡的样本数据	20	
合计		40	

教师评价

任务1	基本概念	
评价项目	是否满意	如何改进
知识技能的讲授		
学生掌握情况百分比		
学生职业素质是否有所提高		

习题答案

1. 分类是把数据样本映射到一个已定义的类别中的学习过程，即给定一组输入的属性向量及其对应的类，用相关学习算法得出对应的类别。

2. 常用的有决策树算法、基于规则的分类法、神经网络、支持向量机和朴素贝叶斯分类器等。

3. 若采用不平衡样本，会导致训练模型侧重于样本数目较多的类别，而"轻视"样本数目较少类别，这样模型在测试数据上的泛化能力就会受到影响。

任务2 决策树算法

情境描述

在本任务中，将全面介绍决策树的基本组成，并与实际案例相结合，对决策树的增长方式、修剪方式进行全面分析，以便深入地理解决策树内部的计算机理及运行流程。

学习目标

1. 熟悉决策树的基本组成；
2. 学会决策树的生长计算；
3. 学会对决策树进行修剪。

任务解析

7.2.1 认识决策树

新的学期,你正对着选课清单准备选课,打算根据以下四个方面的信息来做抉择:难易度、学分、就业帮助、老师教学风格。对于上述信息,你怎么决定选不选这门课程呢?

一名同学说,她的重要性排序是难易度较低 > 容易通过 > 学分够学期要求 > 对就业有帮助 > 喜欢老师的教学风格。该同学的选课决策流程如图 7.2.1 所示。

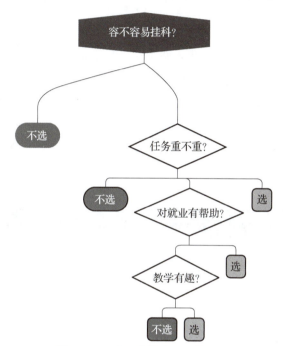

图 7.2.1 该同学的选课决策流程

图 7.2.1 所示就像一棵树一样,由树根长出一连串的叶子,像这样通过一系列判断节点来作出决策的方法就叫作决策树。"容不容易挂科"位于这棵树的最顶部,将其叫作根节点;在每条路径的最末端,无进一步的划分,作出了"选"或"不选"的决策,这就仿佛一个树枝最末端的一片树叶,将其叫作叶子节点;在"任务重不重""对就业有帮助"等几方面下面产生了更多的分支,形成了进一步的划分,可将其叫作内部节点。

一般一棵决策树包含一个根节点、若干个内部节点和若干个叶子节点,叶子节点对应于决策结果,其他每个节点则对应于一个属性测试。每个节点包含的样本集合根据属性测试的结果被划分到子节点中。根节点包含样本全集,从根节点到每个叶节点的路径对应了一个判定测试序列。决策树学习的目的是产生一棵泛化能力强的决策树。

决策过程的最终结论对应了所希望的判定结果,即判断"选"或"不选"这门课程;决策过程中提出的每个判定问题都是对某个属性的"测试",例如"任务重不重""对学业有无帮助"等,每个测试的结果或是导出最终结论,或是导出进一步的判定问题,其考虑范围是在上次决策结果的限定范围之内进行。

决策树是一种和人脑决策流程相似的算法,这位同学的决策过程就是决策树算法的运行过程。决策树可以根据对象的一系列特征,给对象打上某个分类结果,综合考虑各个特征,并按照特定的顺序进行判断。

一旦构造了决策树,对相关内容进行分类就相当容易了,从树的根节点开始,将相应的测试条件用于检验,并根据测试结果选择适当的分支进行后续的操作,沿着对应的分支达到另一个节点,直到最后的叶子节点。到达叶子节点后,叶子节点对应的结果就是该项条件的检测结果。

7.2.2 决策树生长

由图 7.2.1 选课决策流程可以看出,决策树构建最关键的就是确定节点,即如何选择最优划分属性。一般而言,随着划分过程不断进行,希望决策树的分支节点所包含的样本尽可能属于同一类别,即节点的"纯度"越来越高。那么通过何种指标来判断节点纯度呢?这就引出了信息熵的概念。

先看下面这个例子。某位同学记录了最近 14 天内的天气、温度、湿度、风速数值与当日是否打篮球的信息,见表 7.2.1。请你根据某日的天气、温度、湿度、风速等数值来估计该同学是否会打球。

表 7.2.1　14 天打球情况统计表

number	outlook	temperature	humidity	windy	Play Basketball
1	sunny	hot	high	false	no
2	sunny	hot	high	true	no
3	overcast	hot	high	false	yes
4	rainy	mild	high	false	yes
5	rainy	cool	normal	false	yes
6	rainy	cool	normal	true	no
7	overcast	cool	normal	true	yes
8	sunny	mild	high	false	no
9	sunny	cool	normal	false	yes
10	rainy	mild	normal	false	yes
11	sunny	mild	normal	true	yes
12	overcast	mild	high	true	yes
13	overcast	hot	normal	false	yes
14	rainy	mild	high	true	no

在进行决策树划分时,应该选择哪一个特征进行第一次划分呢?是不是应该通过一次划分以更好地区分数据?因此,需要找到一种衡量标准,来计算通过不同特征进行分支选择后的分类情况,找出最好的那个作为根节点。

熵是随机变量不确定性的度量。通俗地说,就是物体内部的混乱程度。比如,专卖店里面只卖一个品牌的商品,而杂货市场里面什么都有,相对于专卖店,杂货市场就混乱得多。对于熵值,其计算公式见式(7.2.1)。

$$H(X) = -\sum p_i \lg p_i, \ i = 1,2,3,\cdots,n \tag{7.2.1}$$

集合 A = [1,1,1,1,1,1,1,2,2],集合 B = [1,2,3,4,5,6,7,8,9,1],代入公式(7.3),对于集合 A,熵值为:

$$H(A) = \left(-\frac{8}{10}\lg\frac{8}{10}\right) + \left(-\frac{2}{10}\lg\frac{2}{10}\right) = 0.722 \tag{7.2.2}$$

对于集合 B,熵值为:

$$H(B) = \left(-\frac{2}{10}\lg\frac{2}{10}\right) + \left(-\frac{1}{10}\lg\frac{1}{10}\right) \times 8 = 3.1219 \tag{7.2.3}$$

显然 A 集合的熵值要低,因为 A 里面只有两种类别,相对稳定一些,而 B 中类别太多了,熵值就会大很多。

在进行分类时,希望完成决策后数据结果同类在一起,即使熵值越小越好。因此,引入一个新的概念——信息增益,表示使熵减少的不确定性程度。当信息增益越大时,表示基于此条件划分减少的不确定性程度越多,获得的分类效果也就越好。

在基于天气的划分中,不同天气状况对应的打球情况分布如图 7.2.2 所示。在 14 天历史数据中,有 9 天打球,5 天不打球,在进行决策前,对应的熵值为:

$$-\frac{9}{14}\lg\frac{9}{14} - \frac{5}{14}\lg\frac{5}{14} = 0.940 \tag{7.2.4}$$

当以不同天气状况进行分类时,当 outlook 为 sunny 时,对应的熵值为:

$$-\frac{2}{5}\lg\frac{2}{5} - \frac{3}{5}\lg\frac{3}{5} = 0.971 \tag{7.2.5}$$

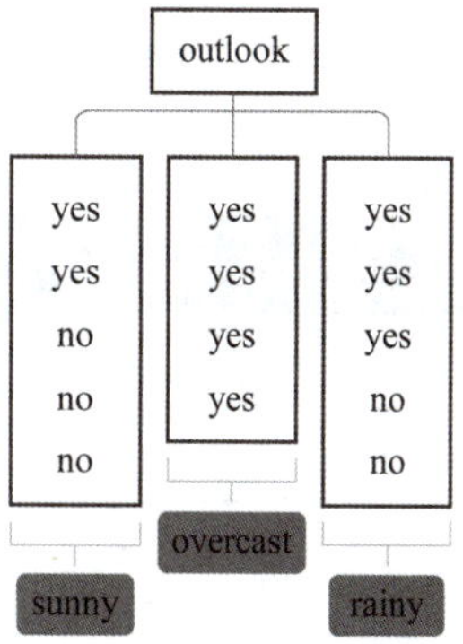

图 7.2.2 不同天气状况对应的打球情况分布

同理,当 outlook 为 overcast 时,对应的熵值为 0;当 outlook 为 rainy 时,对应的熵值为 0.971。根据表 7.2.1 统计可得,当 outlook 取值分别为 sunny、overcast、rainy 时,对应的概率分别为 $\frac{5}{14}$、$\frac{4}{14}$、$\frac{5}{14}$,所以,当以天气进行划分时,对应的熵值为:

$$\text{gain}(\text{outlook}) = \frac{5}{14} \times 0.971 + \frac{4}{14} \times 0 + \frac{5}{14} \times 0.971 = 0.693 \tag{7.2.6}$$

采用相同的计算方式,当以温度为特征划分时,gain(temperature) = 0.029;当以湿度为特征划分时,gain(humidity) = 0.152;当以风速为特征划分时,gain(windy) = 0.048。

由上述数值可以看出,当以天气为特征进行划分时,获得的增益变化最多,将此数据叫作信息增益,其计算公式为:

$$0.940 - 0.693 = 0.247 \tag{7.2.7}$$

因此,在进行特征划分时,应首先以天气为特征进行划分。

当计算完第一个划分特征后,以相同的方式来对后续的特征进行划分,直到所有的特征划分完毕,即完成了决策树的构建。

7.2.3 决策树的修剪

剪枝是决策树学习算法应对"过拟合"的主要手段。在决策树学习中,为了尽可能正确地对样本数据作出判断,节点划分过程将不断重复,逐渐细致,这就可能会造成决策树分支过多,这时会因训练样本学得"太好"了,把训练集独有的一些特性当作所有数据的统一规律而导致过拟合。因此,在进行模型构建时,可通过主动去掉一些分支来降低过拟合的风险。

决策树剪枝的基本策略有"预剪枝"和"后剪枝"两种。预剪枝是指在决策树生成过程中,对每个节点在划分前先进行估计,若当前节点的划分不能带来决策树泛化性能的提升,则停止划分,并将当前节点标记为叶子节点。后剪枝则是先从训练集生成一棵完整的决策树,然后自底向上地对非叶子节点进行考察,若将该节点对应的子树替换为叶子节点能带来决策树泛化能力的提升,则将该子树替换为叶节点。

那么如何判断决策树泛化性能是否得到提升呢?可以按照一定比例,将数据集分为训练集、验证集和测试集。用训练集的数据进行树模型构建,用验证集的数据对构建的模型进行评估,最后用测试集的数据对模型效果进行测试。

下面将通过表 7.2.2 所列的西瓜数据集进行说明。

表 7.2.2 西瓜数据集

编号	色泽	根蒂	敲声	纹理	脐部	触感	好瓜
1	青绿	蜷缩	浊响	清晰	凹陷	硬滑	是
2	乌黑	蜷缩	沉闷	清晰	凹陷	硬滑	是
3	乌黑	蜷缩	浊响	清晰	凹陷	硬滑	是
4	青绿	蜷缩	沉闷	清晰	凹陷	硬滑	是
5	浅白	蜷缩	浊响	清晰	凹陷	硬滑	是
6	青绿	稍蜷	浊响	清晰	稍凹	软黏	是
7	乌黑	稍蜷	浊响	稍糊	稍凹	软黏	是
8	乌黑	稍蜷	浊响	清晰	稍凹	硬滑	是
9	乌黑	稍蜷	沉闷	稍糊	稍凹	硬滑	否
10	青绿	硬挺	清脆	清晰	平坦	软黏	否
11	浅白	硬挺	清脆	模糊	平坦	硬滑	否
12	浅白	蜷缩	浊响	模糊	平坦	软黏	否

续表

编号	色泽	根蒂	敲声	纹理	脐部	触感	好瓜
13	青绿	稍蜷	浊响	稍糊	凹陷	硬滑	否
14	浅白	稍蜷	沉闷	稍糊	凹陷	硬滑	否
15	乌黑	稍蜷	浊响	清晰	稍凹	软黏	否
16	浅白	蜷缩	浊响	模糊	平坦	硬滑	否
17	青绿	蜷缩	沉闷	稍糊	稍凹	硬滑	否

对于表 7.2.2 所列的数据，将其随机划分成两部分：一部分为训练集，其编号为 {1, 2, 3, 6, 7, 10, 14, 15, 16, 17}；另一部分为验证集，其编号为 {4, 5, 8, 9, 11, 12, 13}。通过这些数据，在不采取剪枝的情况下，根据信息增益原则，构建的决策树模型如图 7.2.3 所示。

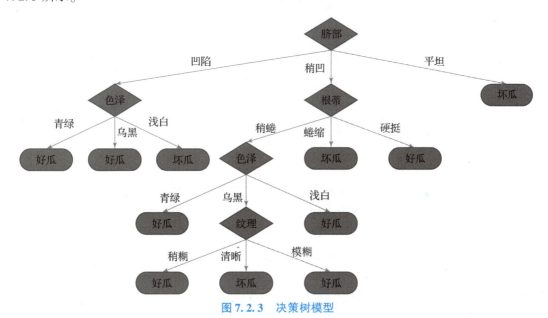

图 7.2.3 决策树模型

首先讨论预剪枝。基于信息增益准则，首先选取属性"脐部"来对训练集进行划分，如图 7.2.4 所示，可以产生 3 个分支。然而，是否应该进行这个划分呢？预剪枝要对划分前、划分后的泛化性能进行对比。

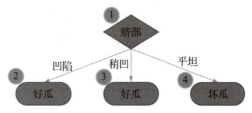

图 7.2.4 预剪枝决策树

在该节点划分前，所有样例集中在根节点，若不进行划分，其模型预测类别将标记为训练样例中数最多的种类。在训练数据中，好瓜占 50%，坏瓜占 50%，假设模型将训练结果记录为好瓜，则在此模型下，对应的验证集中分类正确的有 3 个，分类错误的有 4 个，正确率为 42.9%。

通过"脐部"划分后，图 7.2.4 中的节点②、③、④分别包含编号为 {1, 2, 3, 4}、

{6，7，15，17}、{10，16} 的训练样例，此时这3个节点分别被标记为"好瓜""好瓜""坏瓜"。当采用验证集进行验证时，其中 {4，5，8，11，12} 被正确地划分，正确率为71.4%。用脐部进行划分使正确率得到了提升，所以脐部为对应的节点信息。

紧接着，当对节点②进一步划分时，基于信息增益原则，将使用"色泽"这一属性。然而，在使用色泽这一属性划分后，验证集中的5号数据分类结果将由正确转为错误，使验证集正确率下降。于是，通过预剪枝策略，节点②将不被进一步划分。

同理，对节点③也采用相似的操作。最优划分属性为"根蒂"，划分后验证集的正确率仍为71.4%。此节点的划分并不能提升预测正确率，于是，根据预剪枝策略，节点③也将不被进一步划分。

对于节点④，其所含的训练集已经都属于一类，因此不需要进一步的划分。

至此，完成决策树的构建。

对比图7.2.3和图7.2.4可看出，预剪枝使得决策树的很多分支都没有进一步展开，这不仅降低了过拟合的风险，还显著减少了决策树的训练时间开销和测试时间开销。然而，有些分支的划分当前虽然不能提升泛化性能，甚至可能导致泛化性能暂时下降，但是在其基础上进行的后续划分却有可能使性能得到显著提高。由于采用了预剪枝，未将这些分支展开，可能使决策树训练不充分，出现欠拟合的可能。

与预剪枝不同，后剪枝先从训练集生成一棵完整的决策树，其树模型如图7.2.3所示。通过对验证集中的数据进行验证，可以得出该决策树的正确率为42.9%。

后剪枝自底向上对非叶子节点进行考察，所以，首先对"纹理"节点进行判断，进行剪枝处理。通过剪枝方式，将"纹理"节点替换为叶节点，替换后，该节点包含 {7，15} 两个训练样本数据，将该节点输出标记为"好瓜"，在此种模型下，验证集的正确率提升至57.1%，因此，后剪枝策略决定剪枝。

然后看"色泽"。若将其替换为叶节点，则替换后的叶节点包含编号为 {6，7，15} 的训练样本，对此，叶节点类别标记为"好瓜"，此时决策树验证集正确率仍为57.1%，于是可以不进行剪枝操作。

对于"脐部"下属的第二层"色泽"节点，若将其替换为叶子节点，则其对应的编号为 {1，2，3，14} 的训练样本，对应的分类为"好瓜"。此时，决策树模型对验证集的正确率提升到71.4%，所以，后剪枝策略决定进行剪枝。

同样的道理，对于"脐部""根蒂"节点，替换成叶子节点后，所得决策树验证集的正确率分别为71.4%和42.9%，均得到提升，被保留下来。

最终，基于后剪枝策略所生成的决策树如图7.2.5所示，在验证集上的正确率为71.4%。

对比图7.2.4和图7.2.5可看出，后剪枝决策树通常比预剪枝保留了更多的分支。相比之下，后剪枝决策树的欠拟合风险较小，泛化性能优于预剪枝模型。但后剪枝过程是在生成完全决策树之后才进行的，并且要自下而上地对树中所有非叶子节点进行测试，因此，训练时间和资源要比未剪枝和预剪枝的决策树多得多。

知识点提炼

决策树构建最关键的就是确定分割节点，即选择以哪一个特征进行划分。在进行特征选

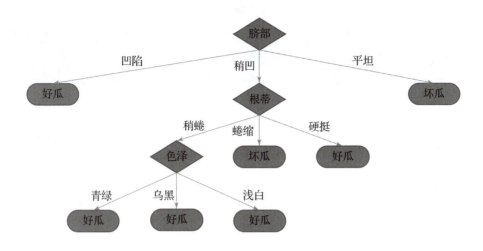

图7.2.5 后剪枝模型示意图

择时,可以信息增益为衡量标准,当信息增益越大时,表示基于此条件划分减少的不确定性程度越大,获得的分类效果也就越好。

知识拓展

若决策树未进行修剪,可能会造成决策树分支过多,导致过拟合现象发生。所谓过拟合,即在训练过程中,模型结果表现优异,但在测试集数据上,并不能达到之前的效果。因此,在进行模型构建时,可通过主动去掉一些分支来降低过拟合的风险。

任务评估

习 题

1. 在决策树中,什么是根节点?什么是内部节点?什么是叶节点?
2. 决策树是如何生长的?
3. 比较预修剪和后修剪各自特点。

学生评价

任务2	决策树算法		
评价项目	评价标准	分值	得分
决策树的概念	了解决策树结构	10	
决策树增长算法	掌握决策树的增长方式	10	
决策树修剪	学会对决策树进行剪枝处理	20	
合计		40	

教师评价

任务2	决策树算法	
评价项目	是否满意	如何改进
知识技能的讲授		
学生掌握情况百分比		
学生职业素质是否有所提高		

习题答案

1. 没有父节点的节点为根节点；没有子节点的节点为叶节点。
2. 首先找到最佳分组变量，然后找到最佳分割点。
3. 后剪枝决策树通常比预剪枝保留了更多的分支。相比之下，后剪枝决策树的欠拟合风险较小，泛化性能优于预剪枝模型。但后剪枝过程是在生成完全决策树之后才进行的，并且要自下而上地对树中所有非叶子节点进行测试，因此，训练时间和资源要比未剪枝和预剪枝的决策树多得多。

任务3 C5.0应用

情境描述

在本任务中，将对决策树增长算法中应用最广泛的C5.0方法进行介绍，通过实际案例对决策树模型构建及参数设计进行分析。

学习目标

（1）了解C5.0算法的设计思想；
（2）学会使用C5.0算法构建决策树；
（3）学会调整C5.0算法的相关参数。

任务解析

7.3.1 生成C5.0决策树

以电信客户数据为例，分析目标是：利用C5.0算法研究哪些因素显著影响客户是否流失，其中，是否流失为输出变量，其他变量为输入变量。

1. 具体操作

选择"建模"选项卡中的C5.0节点，将其添加到数据流的"类型"节点后面，右击鼠标，选择弹出菜单中的"编辑"选项进行节点的参数设置。C5.0节点的参数设置包括"字段""模型""成本""分析"和"注解"五个选项卡。这里只讨论"模型"和"分析"选项卡。

（1）"模型"选项卡。"模型"选项卡用于设置 C5.0 算法的主要参数，如图 7.3.1 所示。

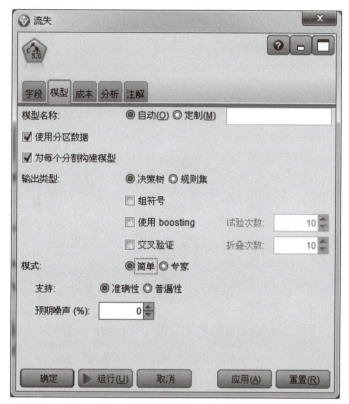

C5.0 决策树

图 7.3.1　C5.0 的"模型"选项卡

其中：
• 输出类型。指定分析结果。"决策树"表示输出决策树和由决策树直接得到的推理规则。"规则集"表示输出推理规则集。推理规则集并非由决策树直接得到。
• 组符号。选中表示利用分箱法检查当前分组变量的各个类别能否合并，如果可以，应先合并再分支。这种方式得到的树比较精简。否则，有 k 个类别的分类型分组变量将长出 k 个分支，数值型分组变量将长出两个分支。
• 使用 boosting。表示采用推进方式建立模型，以提高模型预测的稳健性。
• 交叉验证。表示采用交叉验证法建立模型，应在折叠次数框中指定折叠次数 n。
根据交叉验证法，将在 1-1/n 份样本上分别建立 n 个模型，模型误差是 n 个模型预测结果的综合。
• 模式。指定决策树建模中的参数设置方式。"简单"选项表示 Modeler 自动调整参数。"专家"选项表示手工调整参数。
若选择"简单"，窗口如图 7.3.1 所示。"支持"选项用来指定参数设置的原则。其中，"准确性"表示以追求高的预测精度或低的预测错误率为原则设置参数模型。如树的深度、节点允许的最小样本量和决策树修剪时的置信度等，可能导致过拟合问题；"普遍性"表示设置为 Modeler 的默认参数，以减少模型对数据的过度依赖。另外，还可以在"预期噪声"

后的数字框中指定数据所含噪声样本的比例，通常不指定。

若选择"专家"，窗口如图7.3.2所示。其中，在"修剪严重性"框输入决策树修剪时的置信度（默认为75），"每个子分支的最小记录数"表示指定每个节点允许最小样本量。

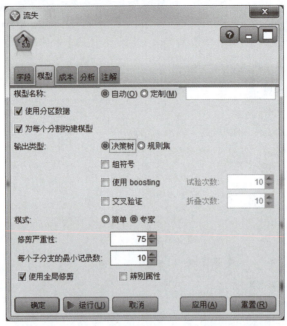

图7.3.2　C5.0"模型"选项卡的"专家"选项

（2）"分析"选项卡。"分析"选项卡用于设置计算输入变量重要性的指标，如图7.3.3所示。

图7.3.3　C5.0的"分析"选项卡

- 计算预测变量重要性。表示以图形方式显示输入变量对建模的重要性。
- 倾向评分（仅对标志目标有效）。用于指定计算变量的倾向性评分的方法。

2. 模型计算结果

运行 C5.0 以后，在流编辑区会出现"流失"模型，双击流失模型，可浏览分析结果。

C5.0 的模型计算结果以文字和图形两种形式分别显示在"模型"选项卡和"查看器"选项卡中。决策树分析结果的文字形式如图 7.3.4 所示。

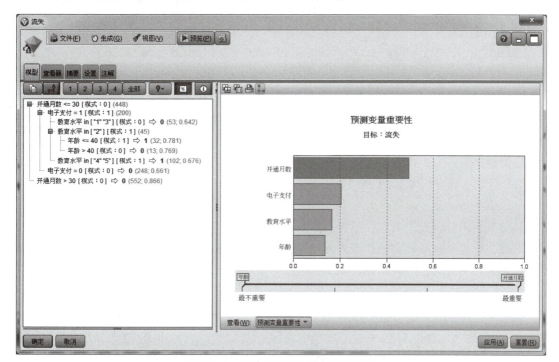

图 7.3.4　决策树分析结果的文字形式

C5.0 计算结果的"模型"选项卡包括两部分：左侧是决策树的文字结果，右侧是输入变量倾向性得分的图形表示。

左侧的文字结果是从决策树上直接获得的推理规则，单击工具栏上的 按钮，可得到每个节点包含的样本量及置信度。分析结论是：

● 开通月数 >30，客户不流失，置信度为 86.6%。

● 开通月数≤30，且有电子支付、教育水平为 2，同时年龄在 40 岁以上，那么客户不流失，置信度为 76.9%。

● 开通月数≤30，且有电子支付，同时教育水平为 1 和 3，那么客户不流失，置信度为 64.2%。

● 开通月数≤30，且有电子支付，同时教育水平为 2 的 40 岁以下客户会流失，置信度为 78.1%。

右侧是输入变量倾向性得分的图形显示。本例中，开通月数重要性最高，得分为 0.49；其次是电子支付，得分约为 0.2；然后是教育水平，得分为 0.17；最后是年龄，得分为 0.14。其他变量没有进入决策树模型。

C5.0 计算结果的"查看器"选项卡如图 7.3.5 所示。

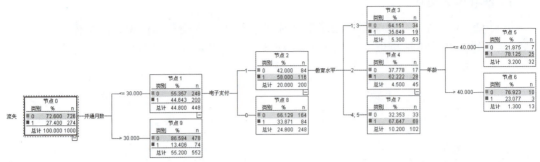

图 7.3.5 “查看器”选项卡内容

本例的结果是一棵 4 层决策树，根节点包含 1 000 个观测，保持和流失的客户分别为 726 人和 274 人，相应百分比为 72.6% 和 27.4%。

决策树的第一个最佳分组变量是开通月数，以此长出两个分支。开通月数 >30，节点中有 552 个观测，占总样本量的 55.2%，其中，流失客户有 74 人，占 13.406%；保持客户有 478 人，占 86.594%。该节点为叶节点，预测结果为保持。

其他节点的分析方法类似，不再一一赘述。

总之，开通月数是客户是否流失的关键因素，其次是电子支付、教育水平和年龄，其他变量没有进入决策树，对客户是否流失影响很小。

3. 预测结果

将“表”节点添加到 C5.0 模型后面查看预测结果，如图 7.3.6 所示。

表格 (16 个字段，1,000 条记录)

文件(F) 编辑(E) 生成(G)

表格 注解

	年龄	...	教育水平	开通月数	...	基本...	免费...	...	电子支付	套...	流失	2级...	...	$C-流失	$CC-流失	$CRP-流失
1	44....	3...	4	13.000	0	3.700	0.000	0...	0	1	1	低	D	0	0.661	0.339
2	33....	3...	5	11.000	1	4.400	20.7...	3...	0	4	1	高	D	0	0.661	0.339
3	52....	1...	1	68.000	0	18.1...	18.0...	0...	0	3	0	高	A	0	0.866	0.134
4	33....	3...	2	33.000	0	9.450	0.000	0...	0	1	1	低	C	0	0.866	0.134
5	30....	3...	1	23.000	0	6.300	0.000	0...	0	3	0	低	D	0	0.661	0.339
6	39....	7...	2	41.000	0	11.8...	19.2...	0...	0	3	0	低	C	0	0.866	0.134
7	22....	3...	2	45.000	0	10.9...	0.000	0...	1	2	1	低	C	0	0.866	0.134
8	35....	7...	2	38.000	1	6.050	45.0...	6...	1	4	0	低	C	0	0.866	0.134
9	59....	1...	4	45.000	0	9.750	28.5...	0...	0	3	0	高	C	0	0.866	0.134
10	41....	7...	1	68.000	0	24.1...	0.000	0...	0	2	0	低	A	0	0.866	0.134
11	33....	1...	4	5.000	0	4.850	0.000	0...	1	1	1	低	D	1	0.676	0.676
12	35....	8...	2	7.000	0	7.100	22.0...	0...	0	3	0	低	D	0	0.661	0.339
13	38....	3...	2	41.000	0	8.550	0.000	0...	0	1	0	低	C	0	0.866	0.134
14	54....	1...	4	57.000	1	15.6...	46.2...	6...	1	4	1	低	B	0	0.866	0.134
15	46....	3...	1	9.000	0	4.400	0.000	0...	0	1	0	低	D	0	0.661	0.339
16	38....	7...	5	29.000	0	5.100	0.000	0...	0	2	0	低	C	0	0.661	0.339
17	57....	1...	2	60.000	0	16.1...	29.7...	0...	0	3	0	高	A	0	0.866	0.134
18	48....	4...	2	34.000	0	6.650	18.5...	0...	0	3	0	低	C	0	0.866	0.134

确定

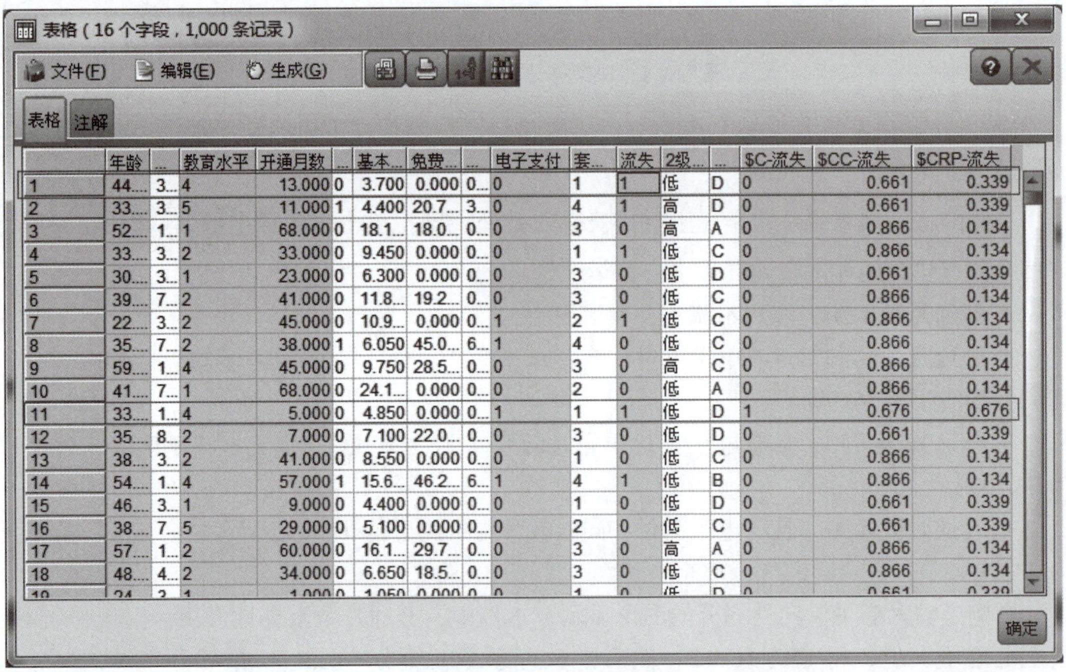

图 7.3.6 C5.0 预测结果

其中：

$C 为预测分类值；

$CC 为预测置信度；

$CRP 为倾向性得分。如果预测结果为真，则预测倾向性得分 $CRP 为 1 - $CC。

比如第 1 行数据，开通月数为 13（节点 1），电子支付为 0（节点 8），预测结果 $C 为 0，预测置信度 $CC 为 0.661，所以 $CRP = 1 - 0.661 = 0.339。

又比如第 11 行数据，开通月数为 5（节点 1），电子支付为 1（节点 2），教育水平为 4（节点 7），预测结果 $C 为 1，预测置信度 $CC 为 0.676，所以 $CRP = 0.676。

7.3.2 C5.0 推理规则集

C5.0 不但能够建立决策树，还可以生成推理规则集。

决策树与推理规则有着极为密切的联系。决策树的文字形式是逻辑比较，其本质就是一组推理规则集。表达了输入变量取值，不同输入变量取值之间的逻辑与、逻辑或关系，以及与输出变量取值的内在联系，直观易懂。

直接从决策树得到推理规则是很容易的。沿着树根向下到每个叶节点，都对应一条推理规则。决策树有几个叶节点，对应的推理规则就有几条。同时，由此产生的多条推理规则之间是相互独立的，其排列的前后顺序不会对新数据的分类预测结果产生影响。

但是直接来自决策树的推理规则，数量往往比较庞大。由于每个叶节点都对应着一条推理规则，规则之间很可能存在重复和冗余部分，使原本直观易懂的推理规则变得杂乱无章。主要原因是决策树对逻辑关系的表述并不是最简洁的，因此，推理规则集通常并不是直接来自决策树，而另有生成算法（比如 PRISM 算法）。这里不再赘述。

下面分别讲解决策树直接生成推理规则和 PRISM 算法生成推理规则的具体操作。

1. 决策树直接生成推理规则

单击图 7.3.4 所示窗口主菜单"生成"下的"规则集"，弹出如图 7.3.7 所示的对话框。

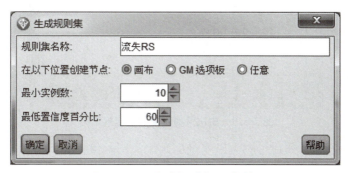

C5.0 推理规则集

图 7.3.7 "生成规则集"对话框

其中：

- 规则集名称：输入规则集名称。
- 在以下位置创建节点：指定推理规则集放置的位置。可以放置在数据流编辑器、流管理器的"模型"选项卡中，或同时放置于两处，这里选择画布。
- 最小实例数：表示只有当规则所适用的样本量大于指定值 10 时，才进入推理规则集。

- 最低置信度百分比：表示只有当规则的置信度大于指定值60%时，才进入规则集。

上面两个数值来自决策树的设置和结果。当规则集较大时，这些参数的设置会有效减少推理规则集中的规则数量。

由决策树生成的推理规则集如图7.3.8所示，其6条规则对应于决策树的6个叶节点。

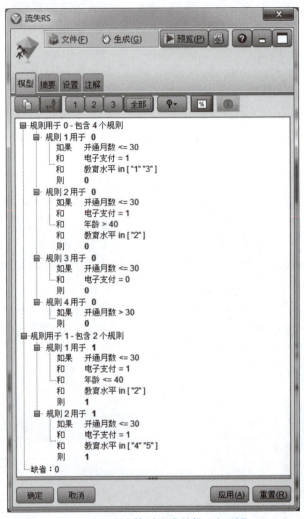

图7.3.8　由决策树生成的推理规则集

规则集包括两部分，分别对应输出变量的两个类别：保持和流失。规则没有覆盖的样本，默认为保持。

第1条规则覆盖53个观测，正确预测率为64.2%。

第2条规则覆盖13个观测，正确预测率为76.9%。

第3条规则覆盖248个观测，正确预测率为66.1%。

第4条规则覆盖552个观测，正确预测率为86.6%。

第5条规则覆盖32个观测，正确预测率为78.1%。

第6条规则覆盖102个观测，正确预测率为67.6%。

2. PRISM 算法生成推理规则

如果希望采用 PRISM 算法生成规则集，具体操作步骤是：

选择图 7.3.1 中的"输出类型"选项中的"规则集"，在流管理器的"模型"选项卡中，鼠标右击 C5.0 模型结果，选择弹出菜单中的"浏览"项，浏览规则集。

由 PRISM 算法生成的推理规则集如图 7.3.9 所示。

图 7.3.9　由 PRISM 算法生成的推理规则集

利用 PRISM 算法得到的规则集与直接来自决策树的规则集存在一定差异。本任务数据流图如图 7.3.10 所示。

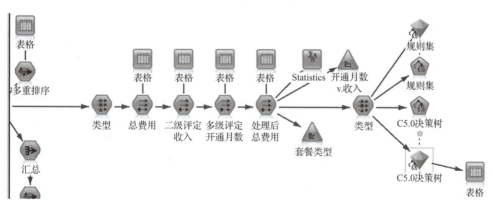

图 7.3.10　本任务数据流图

知识点提炼

C5.0 是决策树进行分类问题时常用的算法，其通过信息增益率来确定最佳分组变量和最佳分割点。在 SPSS Modeler 中，C5.0 算法需要设置的参数主要有输出类型、模型和预期噪声。

知识拓展

通过对 C5.0 决策树进一步分析，可以找出其关键性的特征节点，这对于理解其内部决策树原理，进行模型优化有重要的作用。对决策树模式来说，重要的可能就是那么几个特征，若只使用几个重要的特征数据，可以达到与全部数据相同的效果。

任务评估

习　题

实训：以 students.xlsx 为样本，使用 C5.0 分析哪些因素显著影响学生参与社会公益活动。要求：

（1）创建决策树，其中置信度为 80，每个子分支的最小记录数为 5；

（2）计算预测变量重要性；

（3）计算原始倾向评分。

请问：

（1）哪些变量是重要的？请依次写出。

（2）分析学生参加社会公益活动所应满足的条件。

（3）将决策树界面截屏。

（4）所得到的决策树有几层？是二叉树还是多叉树？根节点是什么？叶节点是什么？兄弟节点是什么？

（5）创建规则集，分析学生不参加社会公益活动所应满足的条件。

学生评价

任务3	C.5.0 应用		
评价项目	评价标准	分值	得分
决策树 C5.0 算法的概念	了解决策树 C5.0 算法的设计思想	10	
决策树 C5.0 算法参数设计	学会 C5.0 算法的相关参数设置	10	
决策树 C5.0 的应用案例	学会用 C5.0 算法进行决策树构建	20	
合计		40	

教师评价

任务3	C.5.0 应用	
评价项目	是否满意	如何改进
知识技能的讲授		
学生掌握情况百分比		
学生职业素质是否有所提高		

习题答案

略。

任务 4　分类树 CART 的应用

情境描述

在本任务中,将对决策树中用于解决分类问题的 CART 方法进行介绍,通过实际案例对决策树模型构建及参数设计进行分析。

学习目标

1. 了解 CART 算法的设计思想;
2. 学会使用 CART 算法构建决策树;
3. 学会调整 CART 算法的相关参数。

任务解析

7.4.1　CART 算法介绍

分类回归树全称为 Classification And Regression Tree(CART),与 C5.0 算法相似,同样包括决策树的生长和修剪两个过程,其差异主要体现在以下几个方面:

(1) C5.0 中的输出变量只能是离散的几个数值,即只能建立分类决策树,而 CART 中的输出变量既可以是离散型,也可以是连续型。换而言之,CART 既可以建立分类树,也可以建立回归树。

(2) C5.0 可以建立多叉树,一个节点可以有若干个分支,而 CART 只能建立二叉树,一个节点只能有两个分支。

(3) C5.0 以信息熵为基础,通过计算信息增益率来确定最佳分组变量和分割点,而 CART 以 Gini 系数和方差作为选择依据。

(4) C5.0 依据训练样本集,通过近似正态分布确定决策树的标准,而 CART 则依据测试集数据进行修剪。

分类回归树生长过程的本质是对训练样本集的反复训练和分组,与 C5.0 类似,如何从众多变量中找到合适的分组变量,如何从众多数值中找到合适的分割数值,是需要明确的两大问题。

在 CART 生长过程中,对于输入变量,都需要进行相关的计算,以确定最佳分组变量。由于分类问题和回归问题在数据分布上不同,所对应的计算策略也存在差异。

CART 采用 Gini 系数来进行决策树的构建,其计算公式如下:

$$G(t) = 1 - \sum_{j=1}^{k} p^2(j|t) \tag{7.4.1}$$

式中,t 为节点;k 为输出变量的类别数量;$p(j|t)$ 是节点 t 中输出变量取第 j 类的归一化概率。由表达式可以看出,当某节点中预测输出值为同一数值时,输出变量取值的差异性最小,对应的 Gini 系数为 0;而当各类预测变量取值概率相同时,输出变量取值的差异性最

大，对应的 Gini 系数也最大，为 $1-1/k$。因此，Gini 系数越大，样本集合的不确定性也就越大。

对于分类问题，由于 CART 只能建立二叉树，若存在多分类输入值，需先将多类别合并成两个类别，形成超类，进而计算出所对应变量的异质性。在此问题中，也应使两组输出变量值的纯度最大，异质性最小，从而达到最佳的分类效果。

在回归问题中，其输出变量为连续的数值型，因此，在进行误差估计时，应采用方差作为衡量指标，其定义如下：

$$S = \frac{1}{N}\sum_{i=1}^{N}(y_i - \bar{y})^2 \qquad (7.4.2)$$

式中，i 为对应的节点；N 为节点数量；y_i 为节点的输出值；$\bar{y}$ 为节点的平均值。

7.4.2　CART 的剪枝策略

CART 决策树同样分为预剪枝和后剪枝两种。在进行预修剪之前，可事先设定一些参数来控制决策树的生长，其中主要参数如下：

（1）最大树深。用来决定决策树的层数，若达到预设的最大深度时，则停止进一步延伸生长。

（2）子/父节点最少样本量。在决策树分裂过程中，若分组后子/父节点的样本量低于预设的最小样本数量或比例，则完成分组，不再进一步划分。

（3）节点中输出变量的最小异质性减少量。在决策树构建过程中，如果分组产生的输出变量异质性变化数值小于预先设置的指点值，则停止分组操作。

与 C5.0 算法类似，在 CART 中后剪枝先进行决策树生长，然后按照一定的标准，边修剪边验证，剪去树中没有意义的叶节点或子树。在进行决策树修剪时，将以对测试集的预测精度为衡量标准来判断是否进行剪枝。

CART 后剪枝采用最小代价复杂性修剪法，简称 MCCP。该方法设计思想如下：结构复杂的决策树在训练样本上有较高的预测精度，但可能会出现一定的过拟合，使其在测试集上精度并没有达到预期。因此，决策树进行修剪时，希望得到一棵恰到好处的树，在保证预测精度的同时，尽可能地降低模型的复杂度。通常叶节点个数与模型复杂度成正比，对应决策树，复杂度计算公式可用式（7.4.3）来表示：

$$R(t) = S(t) + \alpha t \qquad (7.4.3)$$

式中，$R(t)$ 为模型复杂度；$S(t)$ 为模型在测试集上的预测误差；t 为叶节点数；α 为复杂度系数。

当复杂度系数 α 为 0 时，即 $R(t) = S(t)$，不考虑叶节点数对模型复杂度的影响，此时模型在进行构建时倾向于选择使预测误差最小的方式，在这种情况下，其包含的叶子节点会比较多。随着复杂度系数 α 的增大，叶子节点数在模型复杂度上的占比加重，当 α 足够大时，$S(t)$ 对 $R(t)$ 的影响可以忽略不计，此时算法会倾向于构建只有一个叶子节点的决策树，使自身复杂度最低。因此，在进行 α 设计时，要权衡预测误差和模型复杂度，达到两者的平衡。

如图 7.4.1 所示，当判断能否剪掉某个内部节点时，将通过式（7.4.3）计算模型的复杂度。计算流程如下：

（1）对内部节点 T_1 的代价复杂度 $R(T_1)$ 进行测量，其计算公式为：

$$R(T_1) = S(T_1) + \alpha \quad (7.4.4)$$

式中，$S(T_1)$ 为预测误差。

（2）内部节点 T_1 的子树 T_2 的代价复杂度表示为：

$$R(T_2) = S(T_2) + \alpha |T_2| \quad (7.4.5)$$

（3）根据修剪选择，使模型的复杂度越小越好。因此，当内部节点 T_1 的代价复杂度大于其子树的代价复杂度时，会使 $R(T_1) > R(T_2)$，则应该保留子树 T_2；反之，则剪掉 T_2。

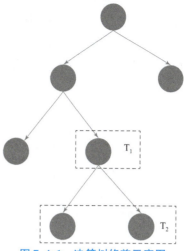

图 7.4.1　决策树修剪示意图

7.4.3　CART 案例分析

本案例将以电信客户数据（表 7.4.1）为基础，讨论 CART 的操作方法及剪枝过程，以找到影响电信客户流失的因素，实现客户的挽留。

表 7.4.1　电信客户信息表

编号	开通月数	无线服务	基本费用	免费部分	无线费用	电子支付	套餐类型	流失
1	13	0	3.7	0	0	0	1	1
2	11	1	4.4	20.75	35.7	0	4	1
3	68	0	18.15	18	0	0	3	0
4	33	0	9.45	0	0	0	1	1
5	23	0	6.3	0	0	0	3	0
6	41	0	11.8	19.25	0	0	3	0
7	45	0	10.9	0	0	1	2	1
8	38	1	6.05	45	64.7	1	4	0
9	45	0	9.75	28.5	0	0	3	0
10	68	0	24.15	0	0	0	2	0

在 SPSS Modeler 中的"建模"选项中选择 C&R 模型，将其链接到数据流节点上。双击 C&R 模型，弹出"设置"对话框，可实现模型参数的设置，主要有字段、构建选项、模型选项等内容。构建选项用于设置 CART 树的主要参数，主要包括目标、中止规则、成本和先验等几项。

在"目标"选项卡中，可以指定决策树的构建方式，若选择构建单个树，可选生产模型，则对 CART 进行自动建立和修剪。在"基本"选项卡中，可以设置分类回归树的修剪参数：可在"最大树深度"中指定分类回归树中的最大树深，其树深度并不包括根节点。在"修剪"选项中，可选择"修剪树以防止过拟合"选项进行后修剪，并在最大风险差中指定放大因子 m 的值。相关参数如图 7.4.2 所示。

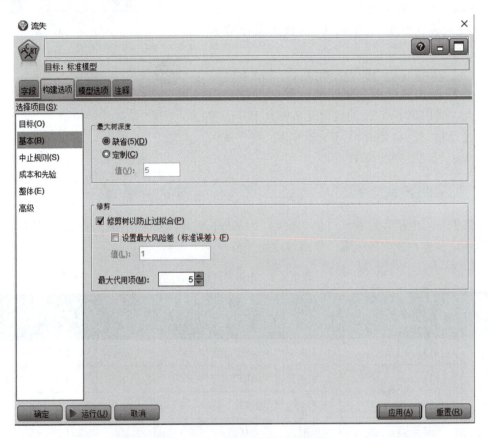

图 7.4.2 "基本"选项卡参数

"中止规则"选项卡中还包含了 CART 树模型的其他修剪参数，如图 7.4.3 所示。在"使用百分比"和"使用绝对值"选项中，将指定数据样本以百分比或样本数据量的形式进行预修剪。例如，当父节点样本比例低于指定值时，将不继续分组。

模型参数设定完成后，单击"运行"按钮即可进行决策树构建。构建后的决策树模型如图 7.4.4 所示。

该模型中共找出了套餐类型、开通月数、收入、电子支付、无线服务、无线费用等诸多影响因素，这些因素都对模型预测有着一定的作用。在模型进行预测推理时，由于树深度限制，使用的决策变量为开通月数、套餐类型、年龄等条件。

从模型构建的结果来看，当开通月数大于等于 30.5 个月时，用户不会流失。因此，应将关注重点放在新用户上。对于小于 30.5 个月的用户，会根据套餐的不同造成不同的流失比例。选择 2、4 套餐的用户，流失比例为 0.603；选择 1、3 套餐的用户，是否流失还与其开通月数及年龄相关，开通月数越长、年龄越大，越不易流失客户。因此，电信公司可根据上述分析结果，指定优惠的政策方案，以保留现有用户，挖掘新用户，拓展使用人群。

项目7 决策树算法

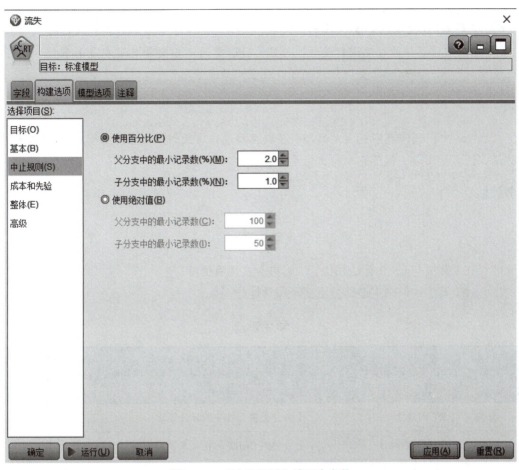

图7.4.3 "中止规则"选项卡参数

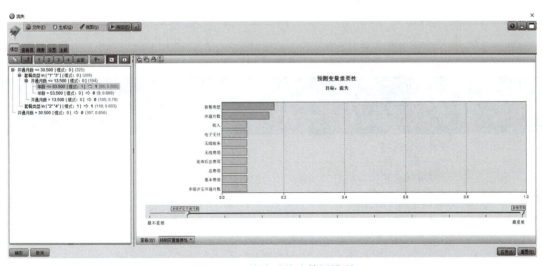

图7.4.4 构建后的决策树模型

知识点提炼

CART 是 C5.0 决策树分割算法的进阶版，CART 以 Gini 系数和方差作为选择依据，针对 C5.0 算法中信息熵的弊端进行改进，并且 CART 中的输出变量既可以是离散型，也可以是连续型，即既可以处理分类任务，也可以处理回归任务。

知识拓展

在 CART 中，预修剪事先指定的控制参数主要包括决策树最大深度、树中父节点和子节点的最少样本量比例、树节点中输出变量的最小异质性减少量。

任务评估

习 题

1. CART 算法与 C5.0 算法相比，二者差异主要有哪些？
2. CART 算法如何确定最佳分组变量和最佳分割点？

学生评价

任务 4	分类树 CART 的应用		
评价项目	评价标准	分值	得分
分类树 CART 的概念	了解分类树 CART 的设计思想	10	
分类树 CART 算法参数设计	学会分类树 CART 的相关参数设置	10	
分类树 CART 的应用案例	学会用分类树 CART 进行分类问题处理	20	
合计		40	

教师评价

任务 4	分类树 CART 的应用	
评价项目	是否满意	如何改进
知识技能的讲授		
学生掌握情况百分比		
学生职业素质是否有所提高		

习题答案

1. 答案见表 7.4.2。

表7.4.2 习题1答案

比较对象	树的类别	
	C5.0	CART
输出变量	分类型	分类型或数值型
树的类别	多叉树	二叉树
分割点	以信息熵为基础	以Gini系数或方差为基础
修剪依据	训练样本集	测试样本集

2. 以Gini系数或方差为基础。

任务5　分类回归树CHAID的应用

情境描述

在本任务中，将对决策树中用于解决分类、回归问题的CHAID方法进行介绍，通过实际案例对决策树模型构建及参数设计进行分析。

学习目标

（1）了解CHAID算法的设计思想；
（2）学会使用CHAID算法构建决策树；
（3）学会调整CHAID算法的相关参数。

任务解析

7.5.1　CHAID算法简介

卡方自动交互诊断器全称为Chi.squared Automatic Interaction Detector（CHAID），在市场调研和社会研究中被广泛使用。作为一种决策树算法，其主要特点如下：
（1）CHAID的输入变量、输出变量既可以是连续的，也可以是离散的。
（2）CHAID能够建立多叉树进行判断。
（3）通过显著性检验来确定分组变量和分割点数据。

CHAID的核心算法仍是分支变量和切割点数值的问题。在模型构建时，处理流程与C5.0、CART的大体内容相同，不同点有如下几点：
（1）预处理。对数值型的输入变量进行分箱操作，使连续的输入变量划分为几个离散的数值。对于离散的变量，合并其中的分类数值，形成超类。通过数据预处理操作，可以减少输入变量的取值个数，减少树模型构建时所使用的分支数量及深度，增强模型的泛化性能。

(2) 由统计分析结果来确定最合理的分组变量和切割点，并根据输入变量类型选择不同的统计检验方法。

对于数值型输入变量，通过数据分箱操作进行预处理。在进行分箱操作时，先确定分位点数值，并根据统计检验结果合并对输出变量取值没有影响的组别，以此来简化输入变量。对于分组变量，其预处理是通过统计检验进行的，在多个分类上找到对应的输出变量取值影响不显著性的类别，形成超类进行判断。

对于进行分组的最佳变量条件，通过输出变量相关性检验中的统计量及概率 P 值来计算。对于数值型变量，采用 F 统计分布；对于分类型输出变量，采用卡方分布。由此可以看出，若概率 P 的值越小，输入变量与输出变量之间的相关性把握就越大，应将此值作为当前最佳的分组变量。当概率值 P 相同时，应选择统计检验中观测值最大的输入变量。

由此可以看出，CHAID 与 C5.0、CART 算法在分组变量确定上存在一定的区别。CHAID 采用的是输入变量与输出变量之间的相关程度，将输出变量最相关的输入变量作为最佳的分组变量，而不是像 C5.0 和 CART 算法那样，选择使输出变量取值差异性下降最快的变量作为分组变量。

在进行树杈划分时，与 C5.0 类似，CHAID 将各个类别作为树的分支，长出多个树杈，并重复进行上述步骤，以完成决策树构建。

CHAID 采用预修建策略进行决策树修剪，与 CART 类似，通过控制最大树深、树中父节点和子节点的最小样本量或比例、相关性等因素进行。

(1) 最大树深：用来规定决策树的层数，若已达到最大的层数，则停止决策树的分裂生长。

(2) 树中父节点和子节点的最少样本量或比例：如果节点的样本数据低于规定的最小样本量或比例，则决策树不再进行分组操作。

(3) 相关性：当输入变量与输出变量之间的相关性小于某个指定值时，不进行分组操作。

7.5.2　CHAID 算法应用示例

在本案例中，仍以电信客户数据为例来讨论 CHAID 模型的构建过程。与之前一样，选择"建模"选项卡中的 CHAID 节点，将对应的数据导入模型中。双击 CHAID 模型，弹出如图 7.5.1 所示的模型设置对话框。

从图 7.5.1 中可以看出，CHAID 模型参数设置主要包括字段、构建选项、模型选项和注释等内容。"构建选项"主要用于设置与模型相关的主要参数，与 CART 类似，主要包括目标、基本等内容。

"高级"选项中的内容如图 7.5.2 所示，在此可以对 CHAID 模型进行详细配置，以更好地实现模型预测。

(1) 合并的显著性水平：用于设置输入变量分组合并时的显著性水平，默认值为 0.05，表示当统计检验的概率值大于 0.05 时，输入变量目前的分组对模型的输出结果无影响，可以将变量进行合并；否则，不能合并。

(2) 在节点内允许重新拆分合并类别：选中该项，在新近合并组中，如果包含 3 个及以上的分组，则允许继续拆分，成为两个组。

项目 7　决策树算法

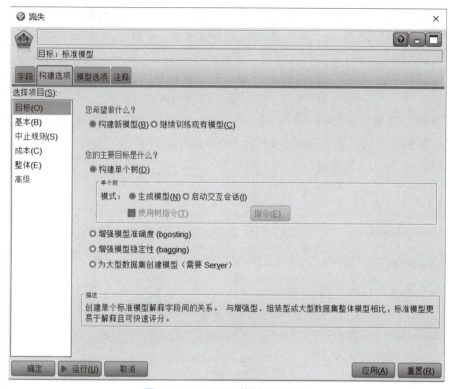

图 7.5.1　CHAID 模型设置界面

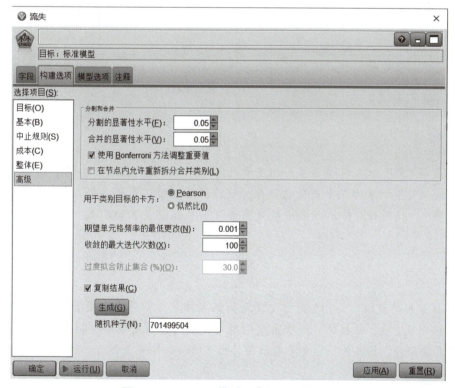

图 7.5.2　CHAID 模型"高级"设置界面

(3) 分割的显著性水平：在节点分割中，若包含 3 个以上的分组，可以再次进行拆分，此数值作为进行拆分时的限定，叫作分割的显著性水平，默认值为 0.05。当检验统计的概率值小于 0.05 时，CHAID 认为输入变量目前的分组对输出有影响，可以进行拆分。

(4) 随机种子：用来记录该过程的结果，若想重复某次训练结果，可将随机种子数设成一致。

CHAID 模型预测结果如图 7.5.3 所示。从结果中可以看出，影响客户流失的变量为开通月数、年龄、无线服务、电子支付等。模型将开通月数做了分组操作，将其按照 6、13、26、50、66 等几个数值进行分组。相比于 CART，其划分更加细致，具有更高低预测精度。

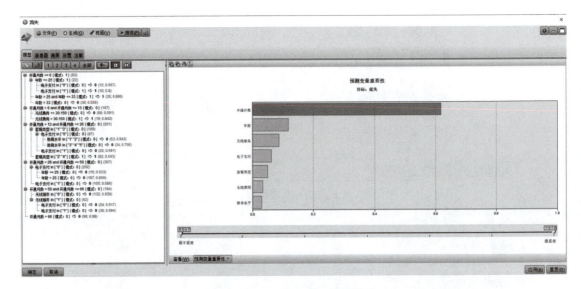

图 7.5.3　CHAID 模型预测结果

知识点提炼

CHAID 与 C5.0、CART 算法在分组变量确定上存在一定的区别。CHAID 通过分箱操作，使连续的输入变量划分为几个离散的数值，从而既可以处理离散数据，也可以处理连续数据。进一步地，通过统计分析结果来确定最合理的分组变量和切割点，确保树模型的合理分割。

知识拓展

CHAID 采用的是输入变量与输出变量之间的相关程度，将输出变量最相关的输入变量作为最佳的分组变量，根据统计检验角度确定当前最佳分组变量和分割点，而不是像 C5.0 和 CART 算法那样，选择使输出变量取值差异性下降最快的变量作为分组变量。

任务评估

习　题

1. CHAID 算法的主要特点有哪些？
2. CHAID 算法如何确定最佳分组变量和最佳分割点？

学生评价

任务 5	分类回归树 CHAID 的应用		
评价项目	评价标准	分值	得分
CHAID 的概念	了解分类回归树 CHAID 的设计思想	10	
CHAID 算法参数设计	学会分类回归树 CHAID 的相关参数设置	10	
CHAID 的应用案例	学会用分类回归树 CHAID 进行问题处理	20	
合计		40	

教师评价

任务 5	分类回归树 CHAID 的应用	
评价项目	是否满意	如何改进
知识技能的讲授		
学生掌握情况百分比		
学生职业素质是否有所提高		

习题答案

1. （1）CHAID 的输入变量、输出变量既可以是连续的，也可以是离散的。

（2）CHAID 能够建立多叉树进行判断。

（3）通过显著性检验来确定分组变量和分割点数据。

2. 对于进行分组的最佳变量条件，通过输出变量相关性检验中的统计量及概率 P 值来计算。对于数值型变量，采用 F 统计分布；对于分类型输出变量，采用卡方分布。

项目 8

SPSS Modeler 人工神经网络

人工神经网络（Artificial Neural Network，ANN）是目前人工智能领域兴起的研究热点，它是对人脑神经元网络的抽象化从而建立的一种简单模型。随着机器学习和深度学习技术的快速发展，研究人员希望利用人工神经网络来解决现实世界中的模式识别、智能推理和优化计算等一系列复杂问题。

目前，人工神经网络不仅仅被应用于人工智能领域，数据挖掘领域也已经将人工神经网络应用于商业数据的分类预测和聚类分析中。本项目将详细介绍人工神经网络的基本概念和 BP 反向传播算法，并利用人工神经网络在 SPSS Modeler 软件中对电信数据中的客户离网情况进行建模。

项目任务导读：

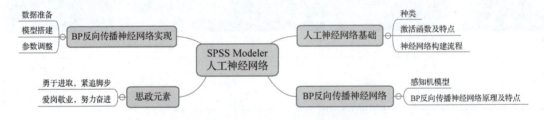

任务 1　人工神经网络基础

情境描述

本任务主要介绍人工神经网络的基本概念和种类、激活函数、人工神经网络建立的步骤，从而让读者对人工神经网络的基础有更深的了解。

学习目标

通过本任务的学习，根据实际需求，应该能够：
1. 了解人工神经网络的基本概念和种类；
2. 熟悉人工神经网络中各种激活函数及特点；
3. 熟悉人工神经网络建立的一般步骤。

204

任务解析

8.1.1 人工神经网络的基本概念和种类

1. 人工神经网络的基本概念

人工神经网络是由大量神经元（处理单元）相互连接组成的非线性、自适应信息处理系统，用来模拟人脑神经网络处理、记忆信息、判断推理的方式。人工神经网络有以下几个特征：①非线性。与人脑中的神经元存在激活或抑制两种不同的状态相似，人工神经网络中的处理单元也同样存在激活或抑制两种不同的状态，这在数学中表现为非线性关系，从而提升神经网络的容错性和存储容量。②非局限性。一个完整的人工神经网络模型的推理或识别不仅仅取决于单个神经元（处理单元）的特征，而是由多个神经元间的相互作用、相互连接所决定的。③非常定性。人工神经网络具有自适应、自组织、自学习的能力，其不仅仅能处理存在各种变数的数据，而且在处理数据的过程中，其非线性系统本身也在发生变化。④非凸性。人工神经网络中的函数可能会存在多个极值，使得模型具有多个较为稳定的状态。

人工神经网络所具有的优点使其成为目前人工智能领域和数据挖掘领域最热的研究内容，人工神经网络的优越性主要表现在：①具有自学习能力，根据人工神经网络特征中的非常定性可以得知，人工神经网络可以根据一定的数据学习到数据中的隐藏特征，从而对数据进行预测，例如图像识别、文本生成等。②联想存储能力，人工神经网络的反馈网络可以实现对信息的联想和反馈。③具有高速寻优的能力，人工神经网络能够最大限度地发挥计算机的运算能力，从而找到最优解。

2. 人工神经网络的种类

人工神经网络模型根据网络连接的拓扑结构、神经元的连接方式和学习规则等特点，将人工神经网络划分为40多种。本节重点讲解拓扑结构和神经元的连接方式两种人工神经网络划分方式。

（1）拓扑结构。根据人工神经网络的层数，可以将神经网络分为单层神经网络和多层神经网络。图8.1.1中展示了经典的单层神经网络。

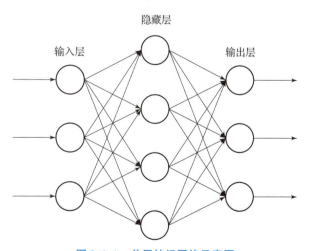

图8.1.1 单层神经网络示意图

从图中可以看出，单层神经网络由输入层、隐藏层和输出层组成，因其仅有一层隐藏层，故被称为单层神经网络。当包含多个隐藏层时，其被称为多层神经网络。神经网络的复杂程度由神经网络的隐藏层层数和每层神经元的个数决定。

具体来说，输入层中的输入节点主要负责接收和处理训练数据的特征值，输入节点的个数决定了特征的个数；隐藏层的隐藏节点主要负责实现非线性样本的线性变化，其层数和节点个数可自行确定，但并不意味着隐藏层层数越多、隐藏节点个数越多，其模型效果越好；输出层的输出节点主要负责输出分类预测结果，其节点个数由预测类别数所决定，例如：在图像识别任务中，识别的种类有 5 种，则输出层的节点就应当有 5 个。

（2）连接方式。人工神经网络的连接包括层内连接与层间连接，其重要性由权重进行表示。图 8.1.2 中展示了神经网络的神经元的权重连接方式。

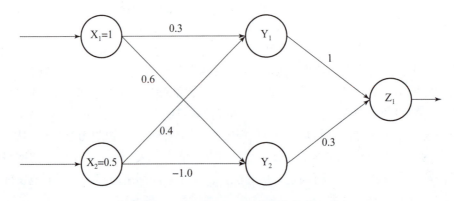

图 8.1.2　神经元的权重连接方式

根据层间的连接方式，可以将人工神经网络分为前馈神经网络（Feedforward Neural Network，FNN）和反馈神经网络（Feedback Neural Network，FeedbackNN）。

前馈神经网络是一种较为简单的神经网络，各神经元分层排列，且每层神经元只接收前一层神经元的结果并输出给下一层神经元，各层间没有反馈，是应用最为广泛、发展最迅速的人工神经网络之一。前馈神经网络的优点是其以简单的网络结构就能够以任意精度逼近连续函数及平方可积函数，且可以精确实现任意有限训练样本集。常见的前馈神经网络包括感知机（单层感知机和多层感知机）、BP 网络、RBF 网络等。

反馈神经网络，也被称为递归网络或回归网络，其输入包含有延时的输入或输出数据的反馈。此外，反馈神经网络中的神经元是相互连接的，即有些神经元的输出会被反馈至同层或者是前层的神经元作为该神经元的输入。常见的反馈神经网络包括 Hopfield 神经网络、Elman 神经网络、CG 网络模型和双向联想记忆网络等。

8.1.2　神经网络中的激活函数及其特点

神经网络中的每个神经元节点会接收上一层神经元的输出值作为本神经元的输入值，并将计算机结果传递到下一层神经元，输入层神经元节点会将输入属性值直接传递给下一层（隐藏层或输出层）。在多层神经网络中，上层神经元的输出与下层神经元的输入之间具有一个函数关系，这个函数关系被称为激活函数。

具体来说，激活函数（Activation Functions）是在神经网络中添加了非线性因素，使得神经网络可以去学习和理解非常复杂且非线性的函数，从而使神经网络变为非线性模型。

常见的激活函数分为 Sigmoid 函数、Tanh 函数、ReLU 函数和 Softmax 函数等。图 8.1.3 中分别展示了上述激活函数的曲线和计算公式，且相关介绍和优缺点在表 8.1.1 中进行了详细说明。

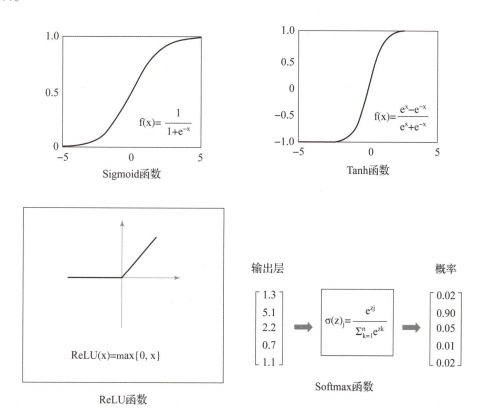

图 8.1.3　各激活函数的函数曲线及计算公式

表 8.1.1　各激活函数的介绍和优缺点

激活函数	简介	优点	缺点
Sigmoid 函数	Sigmoid 函数又被称为 Logistic 函数，用于隐藏层神经元的输出，取值范围为（0，1），主要用在二分类中进行输出层的预测	1. 输出值在（0，1）之间，值的范围有限，优化相对稳定； 2. 连续函数、便于求导	1. Sigmoid 函数在变量的绝对值是非常大的正值或负值时，会出现饱和现象，对输入的微小变化不敏感，从而出现梯度消失的问题； 2. 因其是指数形式，所以计算复杂度高

续表

激活函数	简介	优点	缺点
Tanh 函数	Tanh 函数又被称为双曲正切函数，其取值范围是[-1, 1]，主要用在 RNN 网络中	1. 输出值在（0，1）之间，值的范围有限，优化相对稳定； 2. 连续函数，便于求导； 3. 解决了 Sigmoid 函数关于 zero-centered（零为中心）的输出问题	1. 当输入值过大或者过小时，提取趋于0，失去敏感性，从而出现提取消失的问题； 2. 幂运算，计算成本较高
ReLU 函数	ReLU 函数又被称为修正线性单元，是现代神经网络中应用最广泛的，全连接神经网络默认使用 ReLU 函数	1. 克服了梯度消失的问题； 2. 计算量骤减，使得训练速度大幅提升	1. 输入负数，则完全不激活，ReLU 函数不工作； 2. ReLU 函数输出要么是0，要么是正数，因此它不是 zero-centered 的函数。
Softmax 函数	Softmax 函数又被称为归一化指数函数，在多项逻辑回归、多项逻辑回归和线性判别分析中有广泛应用，如在图像识别任务中	1. 使用指数形式的 Softmax 函数能够将差距大的数值距离拉得更大； 2. 在反向传播求解梯度时较为方便	虽然指数函数的曲线斜率将输出值拉开距离，但也会使计算得到的数值变得非常大，甚至出现溢出现象

8.1.3　人工神经网络的建立的步骤

人工神经网络建立的一般步骤为：首先是数据的标准化处理，其次是网络结构的确定，最后是连接权重的确定。

1. 数据的标准化处理

在人工神经网络中，无论模型是处理回归问题还是分类问题，输入变量的取值一般都要进行预处理，这样能够帮助网络更加高效和准确地收敛。例如：在处理过程中，所有的 input 和 label 处理成能够使用神经网络的数据，label 的值域要求符合激活函数的值域。

数据标准化处理的方法包括归一化（Normalization）、白化（Whitening）、独热编码（One-hot）和数据增强（Data Augmentation）等。

2. 网络结构的确定

对于人工神经网络来说，设计网络结构主要是确定隐藏层层数，确定隐藏层每层的节点数和激活函数，以及确定输出层的激活函数和损失函数。值得注意的是，隐藏层的层数和每层的节点数将决定人工神经网络模型的复杂程度，当层数和节点数较少时，模型结构简单，但容易出现欠拟合的问题，而层数和节点数超过一定程度时，模型可能会过于复杂，导致计算效率降低，甚至出现过拟合问题。

因此，在确定网络结构时，应遵循以下要点：

(1) 输入层的单元数等于样本特征数。

(2) 在分类问题中,输出层的单元数一般等于分类的类型数。

(3) 通常每个隐藏层的神经元数越多,分类精度越高,但是也会带来计算性能的下降,因此,要平衡质量和性能间的关系。

3. 连接权重的确定

简单来说,神经网络建立的过程就是,选择适合任务的网络结构,探索输入输出变量间复杂关系的过程,并在此基础上对新样本进行预测。然而,在整个过程中,神经网络需要对已标注的数据进行学习,从而掌握输入与输出变量间的数量关系规律,并将其体现在连接权重上。因此,在确定网络结构后,需要对连接权重进行确定。连接权重的确定需要经过以下步骤:

(1) 初始化连接权重。神经网络模型的目标是优化一个参数众多的目标函数,而且基本上没有全局最优解,而初始化权重在其中的作用就包括:初始点的选取,有时能够决定算法是否收敛;当收敛时,初始点可以决定学习收敛得多快,是否收敛到一个代价高或者低的点。一般连接权重的初始值默认为一组随机数,且服从均值为 0,取值在 $-0.5 \sim 0.5$ 之间的均匀分布。

(2) 计算各神经元的加法器与激活函数值,从而得到样本的预测值。

比较预测值与实际值,利用损失函数计算预测误差,并根据预测误差重新调整各连接权重。通常来说,回归问题的损失函数为均方误差损失函数,而分类问题会选择交叉熵损失函数。

知识点提炼

本任务重点讲解了人工神经网络的基本概念和其优点,以及人工神经网络的种类,即按照拓扑结构,可分为单层神经网络和多层神经网络,按照连接方式,可分为前馈神经网络和反馈神经网络。同时,本任务详细介绍了激活函数的种类,并分别说明了其优缺点。此外,还将神经网络建立的一般步骤进行了详细的说明。

知识拓展

人工神经网络的特点和优越性,主要表现在三个方面:

1. 具有自学习功能。自学习功能对于预测有特别重要的意义,预测功能将为人类提供经济预测、市场预测、效益预测等。

2. 具有联想存储功能。用人工伸进网络的反馈网络可以实现联想存储功能。

3. 具有高速寻找优化解的能力。利用一个针对某问题而设置的反馈型人工神经网络,发挥计算机的高速运算能力,从而找到最优解。

任务评估

习 题

1. 请简要描述人工神经网络的特征。

2. ReLU 激活函数无法克服梯度消失的问题，上述描述是否正确？
3. 常见的激活函数有哪些？
4. 请简要描述人工神经网络的建立步骤。
5. Tanh 函数的取值范围是什么？

学生评价

任务1	人工神经网络基础		
评价项目	评价标准	分值	得分
人工神经网络的基本概念和种类	人工神经网络的优点、人工神经网络的种类	10	
激活函数及其特点	Sigmoid、Tanh、ReLU、Softmax	10	
人工神经网络建立的流程	数据标准化、网络结构确定、连接权重确定	10	
合计		30	

教师评价

任务1	人工神经网络基础	
评价项目	是否满意	如何改进
知识技能的讲授		
学生掌握情况百分比		
学生职业素质是否有所提高		

习题答案

1. 人工神经网络的特征包括非线性、非局限性、非常定性、非凸性。
2. 错误。
3. 常见的激活函数包括 Sigmoid 函数、Tanh 函数、ReLU 函数和 Softmax 函数等。
4. 人工神经网络建立的一般步骤为：首先是数据的标准化处理，其次是网络结构的确定，最后是连接权重的确定。
5. [-1, 1]。

任务2　BP 反向传播神经网络及实现

情境描述

本任务通过讲解感知机模型的基本原理，引入 BP 反向传播神经网络的基本概念、特点和算法原理，并通过实例利用 SPSS Modeler 软件来实现 BP 神经网络。

学习目标

通过本任务的学习，根据实际需求，应该能够：
（1）熟悉感知机模型的基本概念；
（2）熟悉 BP 反向传播神经网络的基本概念；
（3）了解 BP 反向传播神经网络的原理；
（4）熟练使用 SPSS Modeler 实现 BP 神经网络。

任务解析

8.2.1 感知机模型

感知机模型（Perceptron Algorithm）是一种最简单的神经网络模型，同时它属于前馈式神经网络，是一个相对简单的双层神经网络，即只有输入层和输出层构成，所有输入层的神经元与输出层的神经元一一相连。虽然感知机模型在处理具体任务时，在处理二分类任务时表现出了一定的效果，但是感知机模型的思想在其他神经网络模型中大规模地被使用。图 8.2.1 展示的是一个简单的感知机模型。

感知机模型的核心思想是在三位空间中寻找一个分割面，将数据点完全分隔开。通过一个案例来具体说明，现有一群男生和女生在操场上玩耍，此时要将男生和女生进行分开。因此，需要找到直线将男女生完全分开。但如果有一名男生混在女生的群体里，则没有一条直线能够完全将男生、女生分开。所以，使用感知机模型的一个重要前提就是数据是完全线性可分的。

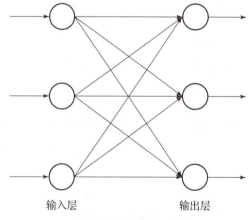

图 8.2.1 感知机模型

感知机模型的算法步骤：
（1）随机选择 W 和 b。
（2）取一个训练样本（X，y）。
①若 WTX + b > 0 且 y = −1，则 W = W − X，b = b − 1。
②若 WTX + b < 0 且 y = +1，则 W = W + X，b = b + 1。
（3）再取另外一个训练样本（X，y），回到（2）操作中。
（4）终止条件：当所有样本的输入/输出对都不满足（2）中的1）和2）操作时，则退出循环。

8.2.2 BP 反向传播神经网络

BP 反向传播神经网络属于一种前馈式神经网络，同时是一种较为常见且复杂的神经网络模型，其结构为多层感知机，不仅包含了输入层和输出层，还包含了一层或多层的隐藏层。因此，BP 反向传播神经网络又被称为多层感知机模型（Multilayer Perception，MLP）。

BP 反向传播神经网络的特点包括：
(1) 存在一个或多个的隐藏层。
(2) 使用反向传播算法来更新网络中的参数。
(3) 激活函数采用 Sigmoid 函数。

其中，隐藏层位于神经网络输入层与输出层之间，可以是一层，也可以是多层，能够将非线性样本转换为线性样本，在神经网络中起到非常重要的作用。

反向传播算法是 BP 反向传播网络的重要特点，其主要用来解决输入层和输入层无法调整神经网络中的参数（权重）的问题。虽然 BP 反向传播网络无法直接计算隐藏层节点的预测误差，但是可以利用输出节点的预测误差来逐层估计隐藏层节点的误差，逐层调整神经网络的权值，直至输入节点与隐藏层节点的权值得到调整为止，最终使得网络输出值越来越接近期望值。因此，BP 反向传播神经网络算法包括了正向传播和反向传播两个阶段。正向传播阶段样本数据从输入层开始，由上至下逐层经过隐藏层计算，下层的输入为上一层的输出，最终样本信息被传播到输出节点，进行最终的预测，并计算预测结果与正确结果之间的误差。值得注意的是，在正向传播阶段，神经网络的所有权值都不进行调整；在反向传播阶段，预测结果误差又逐层反方向地传回给输入节点，并调整神经网络各层节点的权值。这一过程直至预测误差不再发生大范围变化，趋于平稳为止。

BP 反向传播神经网络采用 Sigmoid 函数作为模型的激活函数，Sigmoid 函数的取值范围是（0，1），因此，BP 反向传播神经网络的输出总是被约束在［0，1］的区间内。如果输出变量为数值型，输出节点给出的是标准化处理后的预测值；而当输出变量为分类型时，输出节点给出的是各分类型的概率值。

因为 BP 反向传播神经网络具有上述特点，因此，它能够比感知机网络处理更为复杂的任务。

8.2.3　基于 BP 反向传播神经网络的应用

本节将以虚拟的电信客户数据来展示如何在 SPSS Modeler 中构建并使用 BP 反向传播神经网络。

在数据准备阶段，从"源"选项卡中将"Statistics 文件"节点引入界面视图中，并设置源文件的路径。然后对数据中的类型和各列进行筛选与合并，设置过程如图 8.2.2 所示。其中，table 表示表格可用于查看数据，Outlier and Extreme 表示异常值处理。

在设置神经网络之前，需要按照 70% 和 30% 将集成好的数据划分为训练集和测试集，从"字段选项"选项卡中将"分区"节点引入数据流中，右击鼠标，选择弹出菜单中的"编辑"选项，对"分区"节点中的参数进行设置。如图 8.2.3 所示，将分区字段设置为"Partition"；分区选择"训练和测试（T）"；训练分区大小选择"70"，标签设置为"Training"，值为"1_Training"；测试分区大小选择"30"，标签设置为"Testing"，值为"2_Testing"；勾选"可重复的分区分配"字段。

设置神经网络阶段，选择"建模"选项卡中的"神经网络"节点，将其引入现在的数据流中，并右击鼠标，选择弹出菜单中的"编辑"选项，对节点中的参数进行设置。"神经网络"节点中的参数设置主要包括字段、模型、选项、专家、分析和注解六个选项卡。

图 8.2.4 展示了"神经网络"节点中的"模型"选项卡。

项目 8　SPSS Modeler 人工神经网络

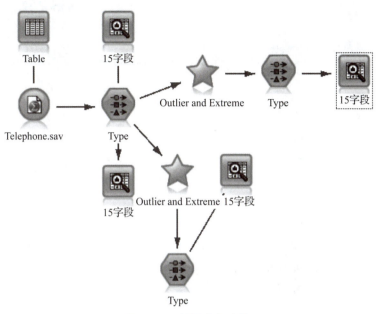

图 8.2.2　数据准备阶段

图 8.2.3　"分区"节点设置

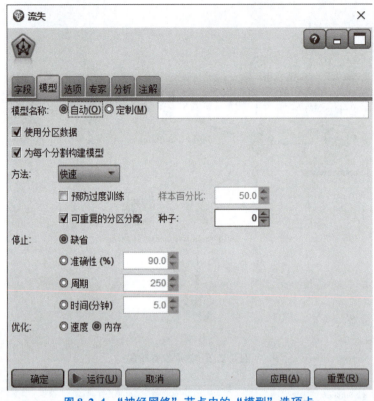

图 8.2.4 "神经网络"节点中的"模型"选项卡

"模型"选项卡中的参数主要用来设置神经网络模型。其中：

"方法"中提供了几种网络结构和相应的训练方法，包括"快速""动态""多个""修剪""RBFN"和"穷举型修剪"。

"预防过度训练"表示在训练样本集中在随机抽取指定比例的样本训练模型，从而克服训练过程中出现过拟合问题。设置随机数种子表示神经网络的初始权值，当选中"可重复的分区分配"时，则意味着初始权值可重复出现。

为了避免模型出现局部最优解的问题，可以重复运行模型，并使用网络权值的初始值为可变值，则可以不用选中"可重复的分区分配"。

"停止"表示用来指定迭代停止的条件。其中，"缺省"表示 SPSS Modeler 自动决定迭代终止条件；"准确性（％）"表示当预测精度达到指定值时停止迭代；"周期"表示当到达指定训练轮次时停止；"时间（分钟）"则表示当运行到一定时间时自动停止模型训练。

"优化"表示在模型训练过程中的内存利用策略。其中，"速度"和"内存"分别表示计算过程是否将中间结果临时存入磁盘，"速度"选项表示结果不存，效率较高，而"内存"选项表示结果存放，效率较低。

图 8.2.5 展示了"神经网络"节点中的"选项"选项卡。

"选项"选项卡主要用来设置神经网络模型在运行过程中的其他可选参数。其中：

"继续训练现有模型"表示每次运行节点后，都会得到一个完整的神经网络模型。当选中时，表示继续运行上次没有运行完的模型。

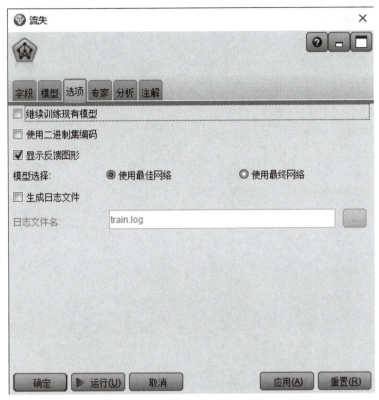

图8.2.5 "神经网络"节点中的"选项"选项卡

"使用二进制集编码"表示分类型输入变量变换处理时,采用二进制编码策略,以减少输入变量个数。

"现实反馈图形"表示模型训练过程中绘制预测精度曲线图,以跟踪模型训练效果。

"模型选择"中包括了"使用最佳网络"和"使用最终网络"。其中,"使用最佳网络"表示使用训练过程中预测结果最优的模型,但这可能出现过拟合的问题。"使用最终网络"表示使用达到终止条件的训练模型,但是该模型可能在预测结果上达不到最优值。

"生成日志文件"表示将模型训练过程汇总后的误差数据保存在指定的磁盘中。

图8.2.6展示了"神经网络"节点中的"专家"选项卡。

"专家"选项卡主要用来设置神经网络中的隐藏层结构,以及模型训练中的学习率和冲量项。其中:

"简单"表示使用 SPSS Modeler 设置的初始网络。

"专家"表示自行设置网络结构。其中,"隐藏层"选项用来指定隐藏层的层数,在 SPSS Modeler 中最多增加三个隐藏层。同时,还可以设置各隐藏层所包含的隐藏层节点个数。"持久性"选项则表示当模型预测精度不能继续得到明显改善时,仍持续学习的训练轮次。

"学习速率"中的 Alpha 表示指定冲量项,默认值为0.9,初始 Eta 表示模型训练中的学习率。同时,还可以指定学习率的初始值、最大值、最小值和每次衰减值。

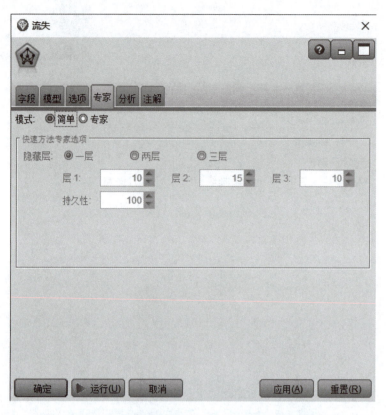

图 8.2.6 “神经网络”节点中的“专家”选项卡

图 8.2.7 展示了运行的结果。从图中可以得知，训练集的正确率为 86.54%，错误率为 13.46%，而测试集的正确率为 69.64%，错误率为 30.36%。由此可知，现有训练的神经网络模型仍然不是最优模型。

输出字段 流失 的结果

比较 $N-流失 与 流失

'Partition'	1_Training		2_Testing	
正确	566	86.54%	195	69.64%
错误	88	13.46%	85	30.36%
总计	654		280	

图 8.2.7 运行结果

知识点提炼

1. 感知机模型（Perceptron Algorithm）是一种最简单的神经网络模型，同时它属于前馈式神经网络，是一个相对简单的双层神经网络，即只由输入层和输出层构成，所有输入层的神经元与输出层的神经元一一相连。

2. BP 反向传播神经网络的包括 3 个特点：①存在一个或多个隐藏层。②使用反向传播算法来更新网络中的参数。③激活函数采用 Sigmoid 函数。

项目8　SPSS Modeler 人工神经网络

知识拓展

　　神经网络的网络结构主要取决于隐藏层和隐藏节点。网络结构对神经网络模型至关重要。过于简单的神经网络结构无法得到理想的预测精度，但是过于复杂的神经网络也会带来更多的参数，会使得训练变得极为困难，并且也会出现过拟合等问题。

　　此外，在神经网络模型建立初期，通常采用经验值法和动态调整法来确定一个合适的神经网络结构。经验值法又包括快速训练法和多层训练法。

　　以 Chat GPT 为代表的大语言模型研究热潮迅速升温，算力作为人工智能、数据挖掘研究的重要资源，和芯片制造一样，也成为业界关注的热点领域。2022 年 10 月 9 日，国家超级计算长沙中心"天河"新一代超级计算机系统正式运行启动，新一代"天河"的综合算力是前一代的 150 倍，已进入了世界领先行列。

任务评估

习　题

1. BP 反向传播神经网络通常采用哪种激活函数？
2. 请简要描述 BP 反向传播神经网络模型的特点。
3. BP 反向传播神经网络模型有且仅有一层的隐藏层。此描述是否正确？
4. BP 反向传播神经网络的网络结构通常采用哪些方法进行确定？
5. 神经网络模型越复杂，所取得的模型精度越高。此描述是否正确？

学生评价

任务 2	BP 反向传播神经网络及实现		
评价项目	评价标准	分值	得分
感知机网络	了解感知机网络的特点	10	
BP 反向传播神经网络	熟悉 BP 反向传播神经网络的原理和特点	10	
BP 反向传播神经网络实现	在 SPSS Modeler 中实现 BP 反向传播神经网络	10	
合计		30	

教师评价

任务 2	BP 反向传播神经网络及实现	
评价项目	是否满意	如何改进
知识技能的讲授		

任务2	BP 反向传播神经网络及实现	
评价项目	是否满意	如何改进
学生掌握情况百分比		
学生职业素质是否有所提高		

习题答案

1. 采用 Sigmoid 函数。

2. BP 反向传播神经网络模型的主要特点是：①包含隐藏层；②反向传播；③激活函数采用 Sigmoid 函数。

3. 错误。

4. BP 反向传播神经网络的网络结构通常采用：①经验值法；②动态调整法。

5. 错误。

项目 9 聚类分析

本项目包括聚类分析基本概念、常用聚类方法、K – Means 聚类、两步聚类、聚类应用等学习任务。通过本项目的学习,应该能够深刻理解聚类算法的运行流程,熟练掌握聚类分析的原理、使用方法、应用场景等。

项目任务导读:

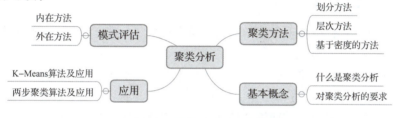

任务 1　什么是聚类分析

情景描述

聚类分析具有广泛的应用,要学好聚类分析,首先要清楚聚类分析的定义,其次熟悉应用场景有哪些,最后熟悉聚类分析有哪些特点以及聚类算法的分类。

学习目标

通过本任务的学习,能够达成以下目标:
(1) 熟悉聚类的概念;
(2) 了解聚类的常见应用场景;
(3) 掌握聚类分析的特点。

任务解析

9.1.1　定义

将物理或抽象对象的集合分成由类似的对象组成的多个类的过程称为聚类。由聚类所生成的簇是一组数据对象的集合,这些对象与同一个簇中的对象彼此相似,与其他簇中的对象相异。聚类分析是一种无监督学习,无监督学习是机器学习中的一种学习方式,是一种没有明确目的的训练方式,无法提前知道结果是什么,数据不需要标签标记。聚类是一种思想,并不是一种具体的方法。

9.1.2 应用场景

聚类具有许多典型应用。在商务上，聚类能帮助市场分析人员从客户基本库中发现不同的客户群，并且用购买模式来刻画不同的客户群的特征。在生物学上，聚类能用于推导植物和动物的分类，对基因进行分类，获得对种群中固有结构的认识。聚类在地球观测数据库中相似地区的确定、汽车保险单持有者的分组，以及根据房子的类型、价值和地理位置对一个城市中房屋的分组上也可以发挥作用。聚类还能用于对 Web 上的文档进行分类，以发现信息。

同时，聚类分析将目标群体进行分群，并对潜在人群进行扩充，这在社会经济研究中很常见。例如，收集到大型商厦的顾客自然特征、消费行为等方面的数据，顾客群细分是最常见的分析需求。可从顾客自然特征和消费行为的分组入手，如根据客户的年龄、职业、收入、消费金额、消费频率、购物偏好等进行单变量分组，或者进行多变量的交叉分组。

9.1.3 应用特点

聚类分析是客户群细分普遍采用的方式，但客户群划分带有明显的主观色彩，表现在以下两方面。

第一，需要指定分组变量。这无疑需要分析人员具有丰富的行业经验，否则形成的客户细分可能是不恰当的。同时，这种分组通常只能反映顾客的某个或少数几个特征，很难反映多方面的综合特征，但基于多方面综合特征的客户细分往往比单个特征的细分更有意义。

第二，需要指定分组标准。合理的标准是分组的关键，需要行业经验和反复尝试。通常，人们更希望的是从数据出发的全面和客观的分组，即分组时考虑多方面因素，并且无须人工指定分组标准，并确保各方面特征相似的顾客能够分在同一组内，特征不相似的顾客分在不同组中。这是一种全方位的自动分组，它相对更全面、更客观，对帮助企业认识自己的客户更有帮助。

9.1.4 聚类算法的分类

由于聚类算法在探索数据内在结构方面具有全面性和客观性等特点，因此，在数据挖掘领域得到了广泛应用。目前，聚类算法已经有很多，可从不同角度对它们进行分类。

1. 基于划分的方法

基于划分的方法原理，简单来说，就是想象你有一堆散点需要聚类，想要的聚类效果就是"类内的点都足够近，类间的点都足够远"。首先要确定这堆散点最后聚成几类，然后挑选几个点作为初始中心点，再给数据点做迭代重置（iterative relocation），直到最后到达"类内的点都足够近，类间的点都足够远"的目标效果。也正是根据所谓的启发式算法，形成了 K – Means 算法及其变体，包括 K – Medoids、K – Modes、K – Medians、Kernel K – Means 等算法。

聚类分析的算法

2. 基于层次的方法

基于层次的聚类方法是一种很直观的算法。概括来说，就是要一层一层地进行聚类，可以从下而上地把小的 cluster 合并聚集，也可以从上而下地将大的 cluster 进行分割。似乎一般用得比较多的是从下而上地聚集。层次聚类主要有两种类型：合并的层次聚类（凝聚层次聚类）和分裂的层次聚类。前者是一种自底向上的层次聚类算法，从最底层开始，每一次通过合并最相似的聚类来形成上一层次中的聚类，当全部数据点都合并到一个聚类的时候停止或者达到某个终止条件而结束。大部分层次聚类都是采用这种方法处理。后者是采用自顶向下的方法，从一个包含全部数据点的聚类开始，然后把根节点分裂为一些子聚类，每个子聚类再递归地继续往下分裂，直到出现只包含一个数据点的单节点聚类，即每个聚类中仅包含一个数据点。主要算法包括 BIRCH 算法、CURE 算法、CHAMELEON 算法、GN 算法等。

知识点提炼

1. 聚类的定义：将物理或抽象对象的集合分成由类似的对象组成的多个类的过程。
2. 聚类算法分类：聚类算法已经有很多，可从不同角度将其划分为基于划分的聚类方法和基于层次的聚类算法，每类算法都有其代表算法。

知识拓展

要深刻理解聚类分析及聚类分析相关算法的应用，聚类分析可应用于客户的分群分类，达到个性化推荐、个性化服务等，提高社会资源配置效率，如从学习成绩、心理素质、家庭情况、课堂表现等维度，对样本学生进行类别划分并分析其特征，根据每种类别学生特征，依照差异性需求原则，因材施教、分层分类培养，调动学生学习积极性，提高课堂效率。

希望每个同学都能深入理解聚类，体会分类、聚类的差异，在实际生活和工作中合理使用这些方法。通过数据更好地理解研究对象，通过数据更深入、更全面地认识客户，不断提升能力，在实现中华民族伟大复兴的赛道上奋勇争先。

任务评估

习 题

1. 什么是聚类分析？
2. 聚类的意义是什么？

学生评价

任务 1		什么是聚类分析	
评价项目	评价标准	分值	得分
聚类的定义	完整、准确地说明聚类的定义	10	
聚类说明聚类的应用场景	能完整描述聚类的某个应用	10	
聚类的应用特点	说明聚类的特点有哪些	10	
合计		30	

教师评价

任务1	什么是聚类分析	
评价项目	是否满意	如何改进
知识技能的讲授		
学生掌握情况百分比		
学生职业素质是否有所提高		

习题答案

1. 将物理或抽象对象的集合分成由类似的对象组成的多个类的过程称为聚类。由聚类所生成的簇是一组数据对象的集合，这些对象与同一个簇中的对象彼此相似，与其他簇中的对象相异。

2. 略。

任务2　K–Means 算法及应用

情境描述

K–Means 是应用最广泛的聚类算法之一，要学好 K–means 算法，首先要熟悉 K–Means 算法的原理、流程，其次要能够熟练地利用 SPSS Modeller 的 K–Means 对实际问题进行处理。

学习目标

（1）熟悉 K–Means 聚类算法的原理。
（2）掌握基于 SPSS Modeller 的 K–Means 应用方法。

任务解析

K–Means 聚类也称快速聚类，属于覆盖型数值划分聚类算法。它得到的聚类结果中，每个数据点都唯一属于一个类，而且聚类变量为数值型，并采用划分原理进行聚类。K–Means 聚类主要涉及两个方面的问题：第一，如何测度样本的"亲疏程度"；第二，如何进行聚类。

9.2.1　K–Means 对"亲疏程度"的测度

"亲疏程度"的测度一般有两个角度：第一是数据间的相似程度；第二是数据间的差异程度。衡量相似程度一般可采用简单相关系数或登记相关系数等，差异程度则一般通过某种距离来测度。K–Means 聚类方法采用第二个测度角度。

为有效测度数据之间的差异程度，K–Means 将收集到的具有 p 个变量的样本数据看成

p 维空间上的点，以此定义某种距离。通常，点与点之间的距离越小，意味着它们越"亲密"，差异程度越小，越有可能聚成一类；相反，点与点之间的距离越大，意味着它们越"疏远"，差异程度越大，越有可能分属不同的类。

由于 K – Means 方法所处理的聚类变量均为数值型，因此，它将点与点之间的距离定义为欧氏距离（Euclidean distance），数据点 x 和 y 间的欧氏距离是两个点的 p 个变量值之差的平方和的平方根，数学定义为：

$$\text{Euclid}(x,y) = \sqrt{\sum_{i=1}^{p}(x_i - y_i)^2} \tag{9.2.1}$$

式中，x_i 是点 x 的第 i 个变量值；y_i 是点 y 的第 i 个变量值。

除此之外，常用的距离还包括平方欧氏（Squared Euclidean）距离、切比雪夫（Chebychev）距离、Block 距离、明考斯基（Minkowski）距离等。

9.2.2　K – Means 聚类过程

在上述距离的定义下，K – Means 聚类算法采用划分方式实现聚类。

所谓划分，是指首先将样本空间随意划分为若干个区域（类），然后依据上述定义的距离，将所有样本点分配到与之"亲近"的区域（类）中，形成初始的聚类结果。良好的聚类应使类内部的样本结构相似，类间的样本结构差异显著，而由于初始聚类结果是在空间随意划分的基础上产生的，因而无法确保所给出的聚类解满足上述要求，所以需要多次迭代，以得到最终结果。

在这样的设计思路下，K – Means 聚类算法的具体过程如下。

1. 确定 K 值

K – Means 聚类过程

在 K – Means 聚类中，应首先给出需聚成多少类。聚类数目的确定本身并不简单，既要考虑最终的聚类效果，也要考虑研究问题的实际需要。聚类数目太大或太小都将使聚类失去意义。

2. 确定 K 个初始类中心点

类中心是各类特征的典型代表。指定聚类数目 K 后，还应指定 K 个类的初始类中心点。初始类中心点指定的合理性，将直接影响聚类收敛的速度。常用的初始类中心点的指定方法有：

（1）经验选择法，即根据以往经验大致了解样本应聚成几类以及如何聚类，只需要选择每个类中具有代表性的点作为初始类中心点即可。

（2）随机选择法，即随机指定若干个样本点作为初始类中心点，这种方法在有些情况下效果较差。

（3）最大距离法，即先选择所有样本点中相距最远的两个点作为初始类中心点，然后选择第三个样本点，它与已确定的类中心点的距离是其余点中最大的。然后按照同样的原则选择其他的类中心点。

3. 根据最近原则进行聚类

依次计算每个样本点到 K 个类中心点的欧氏距离，并按照与 K 个类中心点距离最近的原则，将所有样本点分派到最近的类中，形成 K 个类。

4. 更新类簇中心

重新计算 K 个类的中心点。中心点的确定原则是：依次计算各类中所有数据点变量的均值，并以均值点作为 K 个类的中心点。

5. 终止聚类

判断是否已经满足终止聚类的条件，如果没有满足，则返回到第 3 步，不断反复上述过程，直到满足迭代终止条件。

聚类终止的条件通常有两个：第一，迭代次数。当目前的迭代次数等于指定的迭代 h 数时终止聚类。第二，类中心点偏移程度。本次新确定的各类中心点距上次类中心点所有偏移量中的最大值小于指定值时终止聚类。通过适当增加迭代次数或合理调整中心点偏移量的判定标准，能够有效克服初始类中心点指定时可能存在的偏差。上述两个条件中任意一个满足，则结束聚类。

可见，K – Means 聚类是一个反复迭代的过程，具体如图 9.2.1 所示。在聚类过程中，样本点所属的类会不断调整，直到最终达到稳定为止。

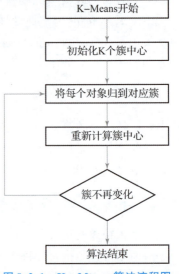

图 9.2.1　K – Means 算法流程图

9.2.3　K – Means 聚类的应用示例

1. 基本操作

首先，通过"Statistics 文件"节点读入数据；其次，连接"类型"节点，指定地区角色为无，其他聚类变量角色为输入；最后，选择"建模"选项卡中的"K – Means"节点，将其连接到"类型"节点的后面。右击鼠标，选择弹出菜单中的"编辑"选项进行节点的参数设置。"K – Means"节点的参数设置包括字段、模型、专家和注解四个选项卡，这里只讨论"模型"和"专家"选项卡。

K – Means 聚类的应用

（1）"模型"选项卡。"模型"选项卡用于设置聚类过程的主要参数和输出结果，如图 9.2.2 所示。

其中：

聚类数：指定聚类数目。默认为 5，这里指定为 3 类。

生成距离字段：选中后，将给出各样本点与所属类中心点的距离。

聚类标签：选择"字符串"表示聚类结果以字符形式给出，且以"标签前缀"框中给定的字符开头，后面加表示类的数字，如 Cluster – 1、Cluster – 2 等；选择"数字"表示聚类结果以数字形式给出。

（2）"专家"选项卡。"专家"选项卡用于设置聚类迭代停止的条件，如图 9.2.3 所示。

其中：

模式："简单"表示按默认的参数进行聚类；"专家"表示可以调整参数。

停止：选中"定制"选项，可修改迭代终止的条件。可指定最大迭代数，当迭代次数等于该值时，停止聚类；或在"更改容忍度"框中指定一个值，当最大的类中心偏移量小于该值时，停止聚类。满足两个条件中的一个即停止聚类。

项目9 聚类分析

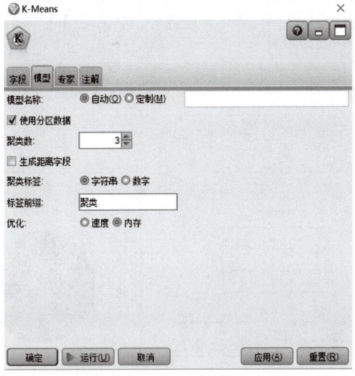

图 9.2.2 "K – Means" 的 "模型" 选项卡

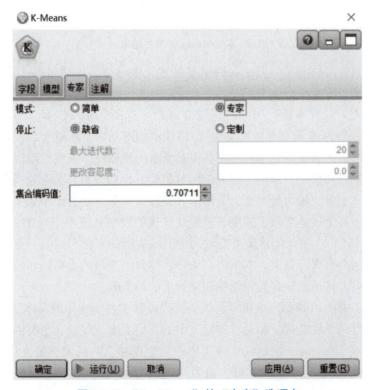

图 9.2.3 "K – Means" 的 "专家" 选项卡

集合编码值：表示对多分类型变量重新编码后，调整其权重。默认应与数值型变量权重相同，即将虚拟变量取值为 1 调整为 0.5 的平方根，近似 0.707。用户可以调整该值，但不合理的值将使聚类结果产生偏差。

2. 结果解读

本例指定将样本数据聚为 3 类，聚类结果如图 9.2.4 所示。

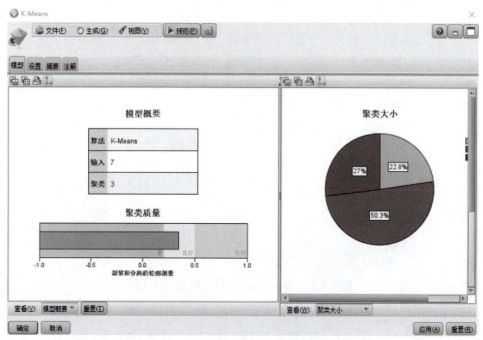

图 9.2.4　K – Means 的聚类结果（一）

图 9.2.4 左侧窗口给出了聚类结果的基本描述。参与聚类的变量共 11 个，最终聚为 3 类。右侧窗口给出了 3 个类所包含的样本量的占比，以及最大聚类（样本量最大）和最小聚类（样本量最大）的样本量比例。在左侧窗口的"视图"框中选择"聚类"，在右侧窗口的"视图"框中选择"预测变量重要性"，将显示如图 9.2.5 和图 9.2.6 所示窗口。

图 9.2.6 通过颜色深浅直观地表示了各聚类变量的重要性。重要性取决于统计检验的结果。如果聚类变量为数值型，采用方差分析的 F 检验，原假设是各类中聚类变量的均值不存在显著差异。如果聚类变量为分类型，采用卡方检验，原假设是各类中聚类变量的类别分布无显著差异。对于某个聚类变量，如果其检验统计量的概率 P 值小于 0.05，也即 1 – 概率 P 值大于 0.95（默认值），则认为该聚类变量的均值或类别分布在不同类中存在显著差异，该聚类变量对于识别类有重要意义。本例中，编号、体育等变量的重要性较强。鼠标单击左侧窗口的聚类变量名，将显示该聚类变量在相应类上的均值等。

选择图 9.2.7 中的"摘要"选项卡，浏览聚类过程中各步迭代的具体情况。

这里，共进行了 5 次迭代。相对于初始类中心，第 1 次迭代使 3 个类中心发生偏移，并且偏移最大值为 0.501；第 2 次迭代也使类中心发生偏移，并且偏移最大值为 0.067；第 3 次偏移最大值为 0.066；第 4 次偏移最大值为 0.033；第 5 次几乎没有偏移。迭代结束，类中心已基本稳定。

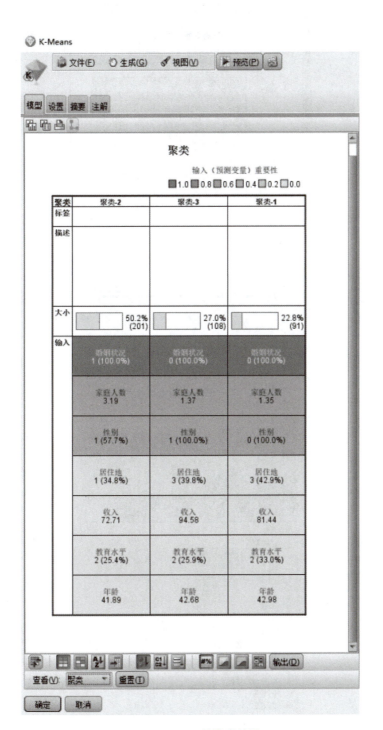

K – Means
聚类结果解读

图 9.2.5　K – Means 的聚类结果（二）

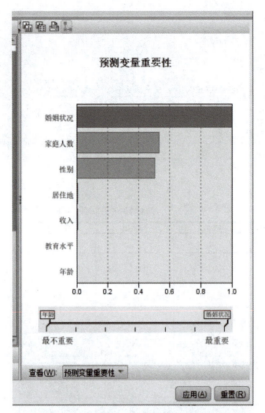

图 9.2.6　K－Means 的聚类结果（三）

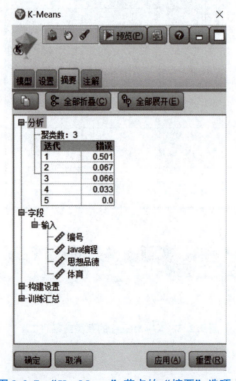

图 9.2.7　"K－Means"节点的"摘要"选项卡

知识点提炼

1. K-Means 算法利用欧氏距离度量样本之间的"亲疏程度"。
2. K-Means 算法的聚类过程。
（1）确定 K 值；
（2）确定 K 个初始类中心点；
（3）根据最近原则进行聚类；
（4）更新类簇中心；
（5）判断是否已经满足终止聚类的条件，如果没有满足，则返回到第（3）步，不断反复上述过程，直到满足迭代终止条件。

知识拓展

K-Means 算法通常可以应用于维数、数值都很小且连续的数据集，目前在我国多个领域具有广泛应用。

1. 文档分类器

根据标签、主题和文档内容将文档分为多个不同的类别。这是一个非常标准且经典的 K-Means 算法分类问题。首先，需要对文档进行初始化处理，将每个文档都用矢量来表示，并使用术语频率来识别常用术语进行文档分类。然后对文档向量进行聚类，识别文档组中的相似性。

2. 物品传输优化

使用 K-Means 算法和遗传算法找到无人机最佳发射位置来解决行车路线问题，优化无人机物品寄递过程。

3. 识别犯罪地点

使用城市中特定地区的相关犯罪数据，分析犯罪类别、犯罪地点以及两者之间的关联性，可以对城市或区域中容易犯罪的地区做高质量的勘察。

4. 客户细分

聚类能够帮助营销人员改善他们的客户群（在其目标区域内工作），并根据客户的购买历史、兴趣或活动监控来对客户类别做进一步细分，使得公司可以针对特定客户群制订特定广告，改善营销效果。

上面提到的都是已在企业中取得实效的应用场景，希望新时代的大学生们能找到越来越多更有特色、更有价值的数据应用，为祖国发展和民族复兴提供源源不竭的动力。

任务评估

习 题

1. K-Means 聚类算法如何测度"亲疏程度"？
2. 简述 K-Means 聚类算法的聚类过程。

学生评价

任务 2	K – Means 算法及应用		
评价项目	评价标准	分值	得分
K – Means 算法的流程	详细说明初选聚类中心、流程结束等条件	10	
K – Means 算法亲疏程度度量方法	了解常见的距离度量方式	10	
K – Means 算法的应用示例	能够用 K – Means 算法对常见数据集做聚类划分	10	
合计		30	

教师评价

任务 2	K – Means 算法及应用	
评价项目	是否满意	如何改进
知识技能的讲授		
学生掌握情况百分比		
学生职业素质是否有所提高		

习题答案

1. 欧氏距离。

2.

（1）确定 K 值；

（2）确定 K 个初始类中心点；

（3）根据最近原则进行聚类；

（4）更新类簇中心；

（5）判断是否已经满足终止聚类的条件，如果没有满足，则返回到第（3）步，不断反复上述过程，直到满足迭代终止条件。

任务 3　Modeler 的两步聚类及应用

情境描述

两步聚类尤其擅长处理大型数据集，要学好两步聚类算法，首先要熟悉两步聚类的定义、应用特点；其次要熟悉两步聚类的过程，了解如何进行预聚类、如何实现类簇数目的确定；最后要能够熟练地利用 SPSS Modeler 的两步聚类对实际问题进行处理。

学习目标

（1）熟悉两步聚类的概念；
（2）熟悉两步聚类的原理；
（3）掌握基于 SPSS Modeler 的两步聚类应用方法。

任务解析

两步聚类（two step clustering）算法是基乌（Chiu）等人于 2001 年提出的在 SPSS Modeler 中使用的一种聚类算法，是 BIRCH（Balanced Iterative Reducing and Clustering using Hierarchies，综合层次聚类算法）的改进版本。

两步聚类算法尤其适合大型数据集的聚类研究，有效克服了 K – Means 方法存在的问题，其主要特点表现在既可处理数值型变量，也可同时处理分类型变量；能够根据一定准则确定聚类数目；能够诊断样本中的离群点和噪声数据。

两步聚类需经过两步实现数据的聚类。第一，预聚类，即采用"贯序"方式将样本粗略划分成若干子类。开始阶段视所有数据为一个大类。读入一个观测数据后，根据"亲疏程度"决定该观测是应派生出一个新类，还是应合并到已有的某个子类中。这个过程将反复进行，最终形成 L 个类。预聚类过程是聚类数目不断增加的过程。第二，聚类，即在预聚类的基础上，再根据"亲疏程度"决定哪些子类可以合并，最终形成 L 类。该步是聚类数目不断减少的过程，随着聚类的进行，类内部的差异性将不断增大。算法涉及的两个重要方面是：一是如何测度"亲疏程度"；二是以怎样的方式实施预聚类和聚类。

9.3.1 两步聚类对"亲疏程度"的测度

两步聚类采用距离测度样本或类的"亲疏程度"，并依据距离确定类的划分。不同的是，如果聚类变量均为数值型，则采用欧式距离，否则，应同时考虑数值型和分类型变量的计算，采用对数似然（log – likelihood）距离。

对数似然距离设计源于概率聚类的表示方式，它是一个混合分布。对数似然距离假设有 K 个聚类变量 $x_1, x_2, \cdots, x_k$，其中包括 K_A 个数值型聚类变量和 K_B 个分类型聚类变量，且数值型聚类变量服从正态分布，分类型聚类变量服从联合正态分布。如果聚成 J 类，则对数似然函数定义为：

$$l = \sum_{j=1}^{J} \sum_{i \in I_j} \ln p(X_i \mid \theta_j) = \sum_{j=1}^{J} l_j \qquad (9.3.1)$$

式中，p 为似然函数；I_j 是第 j 类的样本集合；θ_j 是第 j 类的参数向量。针对包含若干个类的样本，其对数似然是各类对数似然之和。同理，针对一个由 M 个子类组成的子类，对数似然等于 M 个子类的对数似然之和。

于是，对已存在的第 j 类和第 s 类，两者合并后的类记为 <j, s>，则它们的距离定义为两类合并之前的对数似然 $\hat{l}$ 与合并后的对数似然 $\hat{l}_{new}$ 的差，即对数似然距离，定义为：

$$d(j,s) = \hat{l} - \hat{l}_{new} = \hat{l}_j + \hat{l}_s - \hat{l}_{<j,s>} = \xi_j + \xi_s - \xi_{<j,s>} \qquad (9.3.2)$$

式中，ξ 为对数似然函数的具体形式，定义为：

$$\xi_v = -N_v \left(\sum_{k=1}^{KA} \frac{\ln(\hat{\sigma}_k^2 + \hat{\sigma}_{vk}^2)}{2} + \sum_{k=1}^{KB} E_{vk} \right) \tag{9.3.3}$$

$$\widehat{E}_{vk} = -\sum_{l=1}^{L_k} \frac{N_{vkl}}{N_v} \ln\left(\frac{N_{vkl}}{N_v}\right)$$

式中，$\hat{\sigma}_k + \hat{\sigma}_{vk}$ 分别是为第 k 个数值型变量的总方差和在第 v 类中的方差；N_v 和 N_{vkl} 分别是第 v 类的样本量，以及在第 v 类中第 k 个分类型变量取第 l 个类别的样本量。第 k 个分型变量有 L_k 个类别。

9.3.2 两步聚类过程

如前所述，两步聚类分为预聚类和聚类两个步骤。

1. 预聚类

两步聚类算法是对 Zhang、Ramakrishnon 和 Livny 在 1996 年所提出的 BIRCH 的改进，预聚类过程与 BIRCH 算法的相似。

BIRCH 算法的一个重要特点是有效解决了大规模数据的聚类问题。由于计算机的内存有限，无法存储超过内存容量的大数据集，因此，尽管有些聚类算法在理论上无懈可击，但却无法通过计算机实现。为此，BIRCH 算法提出了一种巧妙的数据存储方案，即 CF 树（Clustering Feature Tree）。

首先，CF 树是一种描述树结构的数据存储方式，它通过指针反映树中节点的上下层次关系。树中的叶节点为子类，具有同一父节点的若干子类合并为一个大类，以形成树的中间节点。若干大类可继续合并成更大的类，以形成更高层的中间节点，直到根节点，表示所有数据形成一类。

其次，CF 树是一种数据的压缩存储方式。树中每个节点只存储类过程计算距离所必需的统计量，即充分统计量。

在两步聚类算法中，关于树节点 j，即第 j 类的充分统计量，包括 $CF_j = \{N_j, S_{Aj}, S_{Aj}, S_{Bj}\}$，依次为节点所包含的样本量、数值型变量值的总和、数值型变量值的平方和、分类型变量各类别的样本量。

在这种数据结构下，预聚类采用"贯序"方式，即数据逐条读入、逐条处理，具体过程为：

（1）将所有数据视为一个大类，其充分统计量存储在根节点中。

（2）读入一条数据，从 CF 树的根节点开始，利用节点的充分统计量，计算该数据与中间节点（子类）的对数似然距离，并沿着对数似然距离最小的中间节点依次向下选择路径，直到叶节点。

（3）计算与子树中所有叶节点（子类）的对数似然距离，找到距离最近的叶节点。

（4）如果最近距离小于一定阈值，则该数据被相应的叶节点吸收；否则，该数据将"开辟"一个新的叶节点，重新计算叶节点和相应所有父节点的充分统计量。

（5）判断新插入数据的叶节点是否包含足够多的样本，如果是，则分裂该节点，一分为二成两个叶节点，该叶节点变成中间节点。分裂时，以相距最远的两点为中心，根据距离最近原则分类，重新计算叶节点的充分统计量。

（6）随着 CF 树的生长，聚类数目在不断增加，也就是说，CF 树会越来越"茂盛"。当 CF 树生长到被允许的最"茂盛"程度时，即叶节点个数达到允许的最大聚类数时，如果此时数据尚未得到全部处理，则应适当增加阈值重新建树，以得到一棵较小的 CF 树。

（7）重复上述过程，直到所有数据均被分配到某个叶节点（子类）为止。

在预聚类过程中，如果用户希望找到数据中的离群点，即找到那些合并到任何一个类中都不恰当的数据点，两步聚类的处理策略是：找到包含样本量较少的小叶节点，如果其中的样本量与最大叶节点所含样本量的比例很小，则视这些叶节点中的数据点为离群点。

2. 聚类

本步聚类在预聚类基础上进行，分析对象是预聚类所形成的"稠密区域"（dense region）。所谓稠密区域，是指除离群点以外的叶节点，这些节点所对应的若干子类将作为第二步聚类的输入，且采用层次聚类方法进行聚类。注意，那些包含离群点的"非稠密区域"将不参与本步聚类。

所谓层次聚类，是指聚类过程所形成的某个中间类一定是另一个类的子类，也就是说，聚类过程是逐步将较多的小类合并为较少的大类，再将较少的大类合并成更少的更大类，最终将更少的更大类合并成一个大类，是一个类不断凝聚的过程。

对于 N 个子类，层次聚类需进行 N-1 次迭代。每次迭代过程需分别计算两两子类之间的对数似然距离，并依据距离最小原则，将距离最近的两个子类合并，直至得到一个大类。这里会涉及两个主要问题：第一，内存容量；第二，怎样的聚类数目是合适的。

对于第一个问题，迭代过程中，距离矩阵如果很庞大，则可能会超出内存容量，计算机将不得不利用硬盘空间作为虚拟内存，从而使算法执行效率大大降低。在普通层次聚类算法中，算法的输入是所有数据。算法执行的中前期，距离矩阵是关于样本点和样本或者样本点和子类的，这必然使得距离矩阵非常庞大，造成算法在大数据集上运行速度极慢。两步聚类有效克服了这个问题。由于算法的输入是第一步预聚类的结果，其子类相对较小，距离矩阵不会过大，算法执行效率也就不会过低。这也是两步聚类算法需要两个步骤的重要原因。

对于第二个问题，由于层次聚类算法本身并不给出一个合理的聚类数目，因此通常需要人工参与决定，而两步聚类算法则很好地实现了聚类数目的自动确定。

3. 聚类数目的确定

聚类数目的确定将在上述第二步聚类中完成。采用的是两阶段策略，第一阶段仅给出一个粗略估计，第二阶段给出一个恰当的最终聚类数目，并且两个阶段的具体判定标准也不同。

（1）第一阶段。

第一阶段以贝叶斯信息准则（Bayesian Information Criterion，BIC）作为判定标准。如果设聚类数目为 J，则有

$$BIC(J) = -2\sum_{j=1}^{J}\xi_j + m_J\ln(N) \qquad (9.3.4)$$

$$m_J = J\left(2K^A + \sum_{k=1}^{K_B}(L_k-1)\right) \qquad (9.3.5)$$

贝叶斯信息准则第一项反映的是 J 类对数似然的总和，是对类内差异性的总度量；第二项是一个模型复杂度的惩罚项，当样本确定后，J 越大，该项值也就越大。

合适的聚类数目应是 BIC 取最小值时的聚类数目。如果聚类中只追求类内部结构差异小，则聚类数目必然较大，最极端的情况就是一个观测一个类，这当然是不可取的；相反，如果聚类中只追求聚类数目少，则类内部结构的差异必然较大，最极端的情况就是所有观测为

一个类，这当然也是不可取的。因此，恰当的聚类应使聚类数目合理，类内部结构差异性在一个可接受的范围内，即 BIC 取值最小的时刻。聚类数目的确定就是找到 BIC 最小时的 J。

如果所有类合并成一个大类，此时 BIC 的第一项最大，第二项最小。当聚类数目增加时，第一项开始减少，第二项开始增大，通常增大幅度小于减少幅度，因此，BIC 总体上是减少的；当聚类数目增加到 J 时，第二项的增大幅度开始大于第一项的减少幅度，BIC 总体上开始增大，此刻的 J 即为所求。

Modeler 利用 BIC 的变化量 d(BIC) 和变化率 R(J) 确定聚类数目，即

$$d[BIC(J)] = BIC(J) - BIC(J+1) \tag{9.3.6}$$

$$R_1(J) = \frac{d[BIC(J)]}{d[BIC(1)]} \tag{9.3.7}$$

开始时，如果 $d[BIC(1)]$ 小于 0，则聚类数目应为 1，后续算法不再执行；反之，依次找到 R(J) 取最小值（Modeler 规定 R(J) 应小于 0.04），即 BIC 减少幅度最小时的 J，为聚类数目的粗略估计值。

（2）第二阶段。

第二阶段是对第一阶段粗略估计值 J 的修正，依据对数似然距离，在 2，3，4，…，J 类中选择一个恰当值，不再考虑模型的复杂度。所采用的计算方法是：

$$R_2(J) = \frac{d[min(C_J)]}{d[min(C_{J+1})]} \tag{9.3.8}$$

式中，$d[min(C_J)]$ 是聚类数目为 J 类时，两两类间对数似然距离的最小值；R(J) 是类合并过程中类间差异性最小值变化的相对指标，是一个大于 1 的数，值较大，表明相对于 J+1 类，J 类较合理，不应再继续合并。

9.3.3 两步聚类的应用示例

以虚拟的电信客户数据（文件名为 Telenhone.sav）为例，讨论 Modeler 的两步聚类的具体操作。分析目标是：对保持客户进行细分。

首先，利用"选择"节点选择流失为 No 的样本（保持客户）；其次，利用"类型"节点选择除流失以外的其他变量为"输入"角色参与聚类；最后，选择"建模"选项卡中的"两步模型"节点，将其连接到数据流的恰当位置上。右击鼠标，选择弹出菜单中的"编辑"选项进行节点的参数设置。"两步模型"的"模型"选项卡如图 9.3.1 所示。

其中：

标准化数值字段：选中则表示将所有数值型聚类变量进行标准化处理，使其均值为 0，标准差为 1。

排除离群值：选中则表示找到数据中的离群点。

聚类标签：选择"字符串"，表示聚类结果以字符形式给出，且以"标签前缀"框中给定的字符开头，后面加表示类的数字，如 Cluster-1、Cluster-2 等。选择"数字"，表示聚类结果以数字形式给出。离群点所在的类以 -1 标识。

自动计算聚类数：选中则表示自动确定聚类数目，且在"最大值"和"最小值"框中给出聚类数目允许的最大值和最小值。

项目 9　聚类分析

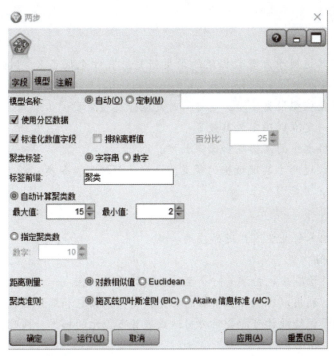

图 9.3.1　"两步模型"节点的"模型"选项卡

指定聚类数：如果对数据的聚类数目已有大致把握，可选中该选项，并在"数字"框中自行指定聚类数目。

本例的计算结果如图 9.3.2 所示。参与聚类的样本量共 401 个，算法自动确定的最佳聚类数目为 3，第一类样本量占比 36.7%，第二类样本量占比 48.2%，第三类样本量占比 15.0%。

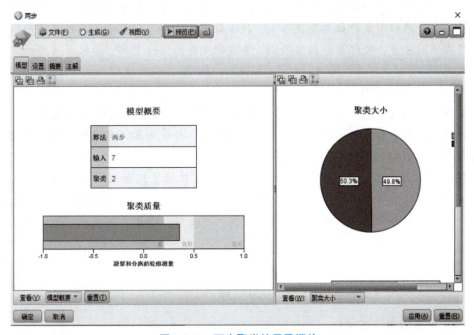

图 9.3.2　两步聚类结果及评价

知识点提炼

1. 两步聚类尤其适用于大型数据集的聚类研究，有效克服了 K – Means 方法存在的遗憾，主要特点表现在：
（1）既可处理数值型聚类变量，也可同时处理分类型变量；
（2）能够根据一定准则确定聚类数目；
（3）能够诊断样本中的离群点和噪声数据。
2. 两步聚类需经过两步实现数据的聚类，分别是预聚类、聚类。

知识拓展

两步聚类在我国各行业已有广泛的应用：
1. 保险欺诈检测

机器学习在欺诈检测中也扮演着一个至关重要的角色，在汽车、医疗保险和保险欺诈检测领域中广泛应用。利用以往欺诈性索赔的历史数据，根据它和欺诈性模式聚类的相似性来识别新的索赔。由于保险欺诈可能会对公司造成数百万美元的损失，因此，欺诈检测对公司来说至关重要。

2. 乘车数据分析

面向大众公开的 Uber 乘车信息的数据集，提供了大量关于交通、运输时间、高峰乘车地点等有价值的数据集。分析这些数据不仅对 Uber 大有好处，而且有助于对城市的交通模式进行深入的了解，来帮助我们做城市未来规划。

3. 犯罪数据分析

针对犯罪情报数据的特点，两步聚类分析将具有相似特征的案件或犯罪人员从海量数据库中分拣出来，单独形成特征类型数据库，找出每类中大部分犯罪分子及犯罪活动中的特征信息，根据不同分类，将犯罪特征应用到该类其他案件的侦破中去，为犯罪案件的串并及破案提供有益帮助。

4. 呼叫记录详细分析

通话详细记录（CDR）是电信公司对用户的通话、短信和网络活动信息的收集。将通话详细记录与客户个人资料结合在一起，能够帮助电信公司对客户需求做更多的预测。

5. IT 警报的自动化聚类

大型企业 IT 基础架构技术组件（如网络、存储或数据库）会生成大量的警报消息。由于警报消息可以指向具体的操作，因此必须对其进行手动筛选，确保后续过程的优先级。对数据进行聚类可以对警报类别和平均修复时间做深入了解，有助于对未来故障进行预测。

任务评估

习 题

1. 两步聚类指的是哪两步？
2. 两步聚类算法如何测度"亲疏程度"？

学生评价

任务 3	Modeler 的两步聚类及其应用		
评价项目	评价标准	分值	得分
两步聚类的定义	说明两步聚类的准确定义	10	
如何确定两步聚类的聚类数目	说明聚类数目确定的过程	10	
两步聚类的简单应用	能够利用两步聚类对数据做简单聚类划分	10	
合计		30	

教师评价

任务 3	Modeler 的两步聚类及其应用	
评价项目	是否满意	如何改进
知识技能的讲授		
学生掌握情况百分比		
学生职业素质是否有所提高		

习题答案

1. 预聚类、聚类。

2. 如果聚类变量均为数值型，则采用欧式距离；否则，应同时考虑数值型和分类型变量的计算，采用对数似然距离。

项目 10 商业领域常用分析方法

在市场营销和客户关系管理领域中，还有一些常用的分析方法和模型，这些方法未必使用了复杂的机器学习算法，但正是由于其操作简单、逻辑直观，更容易为商业领域应用。本项目简要介绍用于客户细分的 RFM 分析。

项目任务导读：

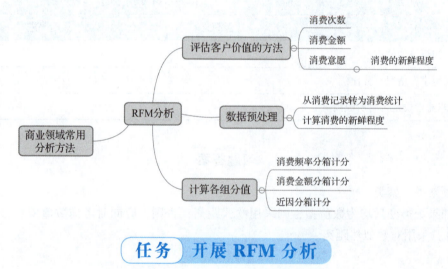

任务 开展 RFM 分析

情境描述

一个零售公司在某一个月发现，相比上个月，销售量出现了大幅下跌。经深入的销售数据分析，发现该公司重要的客户发生了流失。通过定义"重要价值客户"名单以及其当月的销售额贡献情况，也证实了这个发现。那么，应该怎样从数据中找到这些"价值客户"呢？

学习目标

通过本任务的学习，能够达成以下目标：
(1) 理解通过汇总数据、分箱和打分对分析对象进行评价的方法；
(2) 理解从消费额、消费频率和最近一次消费至今的时间判断客户价值的方法；
(3) 掌握在 Modeler 中建立 RFM 分析的过程。

任务解析

客户细分

随着市场竞争日趋激烈和技术的不断进步，客户及相关资源成为企业营销的核心。在这种环境下，客户关系管理、数据库营销等以客户为核心的管理工具、营销工具成为研究和应用的热点，企业能以比以前更丰富、更有效率的手段认识客户、分析客户和接触客户，使得企业能比以往更高效地开展营销工作。

从客户需求的角度来看，不同类型的客户需求是不同的，想让不同的客户对同一企业都感到满意，就要求企业提供有针对性的符合客户需求的产品和服务，而为了满足这种多样化的、异质性的需求，就需要对客户群体按照不同的标准进行细分。

从客户价值方面来看，不同客户能够为企业提供的价值是不同的，企业要想知道哪些是企业最有价值的客户，哪些是企业的忠诚客户，哪些是企业的潜在客户，哪些客户的成长性最好，哪些客户最容易流失，就必须对自己的客户进行细分。

从企业的资源和能力的角度来看，如何对不同的客户进行有限资源的优化应用是每个企业都必须考虑的，所以，在对客户进行管理时，非常有必要对客户进行统计、分析和细分。只有这样，企业才能根据客户的不同特点进行有针对性的营销，赢得、扩大和保持高价值的客户群，吸引和培养潜力较大的客户群。客户细分能使企业所拥有的高价值的客户资源显性化，并能够就相应的客户关系对企业未来盈利的影响进行量化分析，为企业决策提供依据。

评估客户价值

从企业角度来看，客户的价值可以体现为在一定时间范围内为企业贡献的收入、利润等。为评估客户价值，从商业角度来看，可以从以下 3 个维度入手分析：

R：最近一次消费至今的时间（Recency）。
F：消费频率（Frequency）。
M：消费金额（Monetary）。

其中，最近一次消费至今的时间是指发生上一次购买行为到现在的时间。举例来说，客户上一次是几时来店里，上一次在你的超市买早餐最近的一次是什么时候，这个指标描述的是客户的新鲜程度。消费频率是指客户在一定时间内重复消费频率，如 1 年内来店 3 次、1 月内到访 5 次等。消费金额则是该客户一定时间内累计消费金额。通过分别从零售领域最关注的消费额、消费次数和客户新鲜程度上对客户进行打分，评价客户价值的方法叫 RFM 分析。RFM 分析是从不同维度分别对分析对象打分，经汇总形成总体评价的方法。此类方法在日常生活中也经常使用。

通常情况下，离上一次消费时间越近的客户应该是价值更高的客户，对新的商品或服务也最有可能产生购买冲动，或者说他们更倾向于再次消费。如果历史销售记录显示我们能让消费者购买，那么他们就有可能会持续购买。这也就是为什么半年内的新客户收到营销人员的沟通信息会多于几年以上的老客户。由于最近一次消费过程随时间会发生变化，在客户距最近一次购买时间满一个月之后，在 RFM 分析中就成为最近消费时间为两个月的客户。类似的情况是最近消费为 3 个月前的客户在当前时间发生了购买行为，他就成为 R 值为 0 的客户，也就有可能在很短的期间内就收到新的折价信息。R 值是 RFM 分析中一个重要指标，有时被称为近因。最近才买你的商品、服务或是光顾你商店的消费者，是最有可能再向你购买东西的客户。或者反过来看，吸引一个几个月前才上门的"新鲜"客户产生购买行为，比吸引一个一年多以前来过的"老"客户要容易得多。对营销人员来说，与客户建立长期的关系而不仅是卖东西，会让客户持续保持往来，并赢得他们的忠诚度。

消费频率是客户在限定的期间内所购买的次数。通常来说，最常购买的客户，也是满意度最高的客户。RFM 分析中根据这个指标，把客户分成五等分（1~5分），简单来说，可以把销售想象成是要将两次购买的客户往上推成三次购买的客户，把一次购买者变成两次购买者。

消费金额或者说销售额是所有企业经营分析的核心。如果预算不多，只能提供高价值的服务或信息给有限的客户，企业经营者通常会瞄准那些在销售额中贡献了大占比的客户，这样的营销所节省下来的成本会很可观。

最近一次消费至今的时间、消费频率、消费金额是测算消费者价值最重要也是最容易的方法，充分表现了这三个指标对营销活动的指导意义。而其中最近一次消费是最有力的判别指标。

任务实施

从销售数据中分辨客户的贡献，使用 RFM 分析评价客户的价值。主要完成以下任务：

（1）完成销售数据预处理。

（2）建立 RFM 分析流，形成 RFM 汇总得分。

1. 连接数据源

使用 Transactions.txt 数据源，并使用"表格"节点查看数据，如图 10.1.1 所示。

由图 10.1.2 可知，此数据源包括 CardID、Date、Amount 3 个字段，共 69 215 条记录。使用"类型"节点查看各字段的基本情况，数据流图如图 10.1.3 所示。

图 10.1.1 查看数据源

图 10.1.2 零售记录　　　　图 10.1.3 插入"类型"节点

由图 10.1.4 可以看到，CardID 为文本数据，Modeler 默认为无类型，Date 和 Amount 为连续性数值。Date 字段最大值和最小值分别为 20010101 和 20011230。

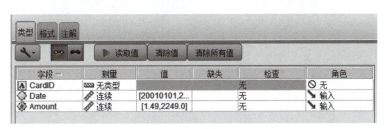

RFM 汇总

图 10.1.4 字段属性

2. 数据预处理

由于 Date 字段是数值类型，为便于后续计算消费日期与当前日期的距离，应使用"填充"节点将此字段转为日期型数据，如图 10.1.5 所示。

图 10.1.5 转换 Date 字段类型

需要注意一点，由于 to_date 函数的参数应为文本类型，故需要先将数值型的 Date 字段使用 to_string 函数转为字符串，再使用 to_date 函数。

为直观了解同一客户购买的情况，可对 CardID 字段进行排序，在这个例子中，相同 CardID 为一个客户，可视为客户 ID。

由图 10.1.6 可知，CardID 为 C0100000199 的客户分别在 2001 年 6 月 28 日、8 月 20 日和 12 月 29 日完成过 3 次购物。

后续可使用其他节点检查 Amount 字段的分布情况。

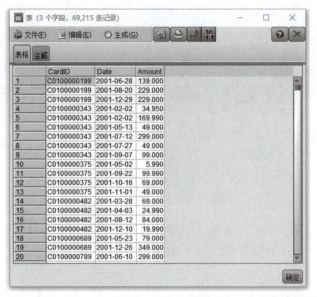

图 10.1.6　客户购买行为

3. RFM 汇总

在 Modeler 中，需要"RFM 汇总"和"RFM 分析"两个节点配合使用，"记录"选项卡中的"RFM 汇总"节点负责绑定客户标识、日期和消费额对应的字段，"字段"选项卡中的"RFM 汇总"节点负责指定 3 个指标的加权汇总方式，具体设置如图 10.1.7 所示。

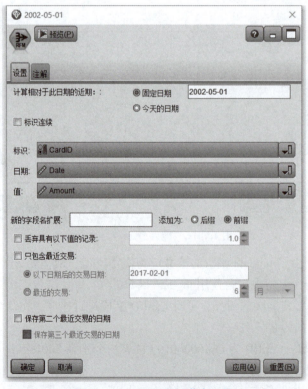

图 10.1.7　RFM 汇总节点设置

在"RFM 汇总"节点中，应指定标识、日期和值对应的字段名。其中，标识是每个客户的主键 ID，在这个例子中是 CardID 字段。日期是每次消费行为发生的时间，这里要设置为 Date 字段。值是每次消费行为产生的消费金额，这里要选择 Amount 字段。需要注意以下参数：

- 计算相对于此日期的近期，可以指定一个时间点，"RFM 汇总"节点会计算客户消费发生的时间与这个时间点的距离。这个时间点可以是人为给定一个时间，图中设置为 2002 年 5 月 1 日。
- 标识连续，如果销售记录数据已经按标识中对应字段（本例中为 CardID）排序，则可选中此选项，能够提高计算效率。
- 新的字段名扩展，"RFM 汇总"节点将自动派生代表 R、F、M 的三个字段，名称分别为 Recency、Frequency、Monetary。如果需要指定其他前缀或后缀字符，可以在此文本框中给出。
- 丢弃具有以下值的记录，选中该选项，表示消费金额低于指定值的销售数据将不参与汇总计算。此选项可排除掉消费金额过少的消费记录。
- 只包含最近交易，当需要汇总的数据较多，或者仅需要对时间范围内的交易记录进行分析时，可指定仅最近的明细数据参与汇总计算。其中，"以下日期后的交易日期"为指定日期以后的明细数据参与 RFM 汇总。"最近的交易"则是按距当前指定长度（天、周、月或年）时间段内的交易数据参与汇总。
- 保存第二个最近交易的日期，选中此选项，系统会产生新字段，记录每个客户第 2 个（或第 3 个）最近消费时间距指定时间点的间隔，可用于更复杂的计算或判断。

经过"RFM 汇总"节点，得到了每个客户的近因（Recency）、频数（Frequency）和货币（Monetary）的值，如图 10.1.8 所示。图中 R2 为保存的是不同客户第二个最近交易日期

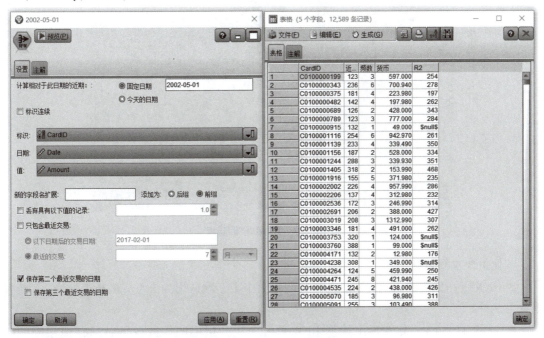

图 10.1.8 RFM 汇总结果

距离 2002 - 05 - 01 的天数。这个结果已经能初步反映不同客户的特点，但是考虑到 3 个指标（R、F、M）量纲差异较大，不能直接累加获得总分，并且也无法计算评价权重，因此需要使用字段选项卡的"RFM 分析"节点来汇总各项指标得分。

4. RFM 分析

Modeler 中 RFM 分析汇总得分的方式是：

（1）将连续型 R、F、M 值通过分箱操作，转为离散值。每个样本在 R、F、M 上的分组结果（组号）就是它对应的分项得分。

（2）计算 RFM 得分。RFM 总分 = R 得分 × R 权重 + F 得分 × F 权重 + M 得分 × M 权重。通常，RFM 得分较高的客户，价值较高，是应该重点营销的客户。

在"设置"选项卡中，分别将近因、频数、货币设置为对应的指标，如图 10.1.9 所示。

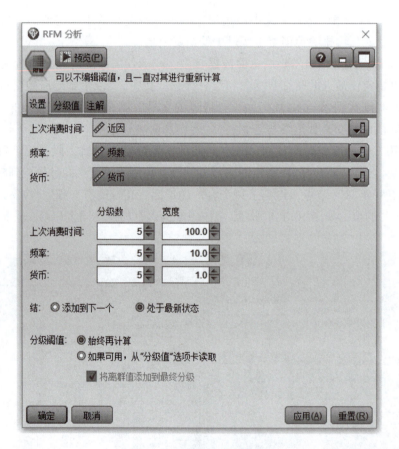

图 10.1.9　RFM 分析节点

其他主要参数包括：

• 分级数（分箱数），分别指定 RFM 的分组个数，默认均为 5 组。最小组数为 2，最大组数为 9。

• 权重（宽度），分别指定计算 RFM 得分时，各指标的权数权重越高，则相应项在 RFM 得分中的作用越大。正如前面介绍的商业理解，通常 R 的权数最高，默认为 100，其次是 F 和 M，默认为 10 和 1。

- 结，指定"打结"时的分组策略。

RFM 的分组默认采用统计上的分位数分组，即将样本数据等分为指定的组数，每组内的样本量理论上相等。在实际应用中，变量值相同的观测即为"打结"。有两种分组策略：一是变量值相同的观测分在同一组内，该策略不能完全满足各组样本量相同的要求。二是按样本量相等原则，分到下一组中"添加到下一个"为第二种策略。"处于最新状态"为第一种策略。

- 分级阈值，选中"始终再计算"表示数据流中的数据更新后，重新自动分组。第二个选项表示用户可自行指定分组组数。并通过"分级值"选项卡，自动或手动指定各分组组限。选中"将离群值添加到最终分级"表示 RFM 值低于最小组限的样本归入最小组，高于最大组限的样本归入最大组，否则，分组结果取系统缺失值。

"分级值"（分箱）选项卡用于指定 R、F、M 分组的组限，如图 10.1.10 所示。RFM 的三个分项应具有一致性，由于 R 值越小越好，F、M 值越大越好，因此，为保持得分含义同向性，R 取值越大，组号越小。

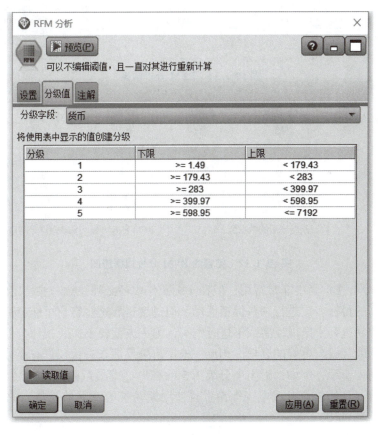

图 10.1.10 "分级值"选项卡

图 10.1.11 为最终分析结果，以卡号为 C0100000199 的客户为例，其在 R、F、M 上分别得分为 5、2、4，最终 RFM 得分为 524。完整的 RFM 分析数据流图如图 10.1.12 所示。

	CardID	近因	频数	货币	近因评分	频率评分	货币评分	RFM 评分
1	C0100000199	7551	3	597.000	5	2	4	524.000
2	C0100000343	7664	6	700.940	2	5	5	255.000
3	C0100000375	7609	4	223.980	3	3	2	332.000
4	C0100000482	7570	4	197.980	4	3	2	432.000
5	C0100000689	7554	2	428.000	5	1	4	514.000
6	C0100000789	7551	3	777.000	5	2	5	525.000
7	C0100000915	7560	1	49.000	5	1	1	511.000
8	C0100001116	7682	6	942.970	2	5	5	255.000
9	C0100001139	7661	4	339.490	2	3	3	233.000
10	C0100001156	7615	2	528.000	3	1	4	314.000
11	C0100001244	7716	3	339.930	1	2	3	123.000
12	C0100001405	7746	2	153.990	1	1	1	111.000
13	C0100001916	7583	5	371.980	4	3	3	443.000
14	C0100002002	7654	4	957.990	2	3	5	235.000
15	C0100002206	7565	4	312.980	4	3	3	433.000
16	C0100002536	7600	3	246.990	3	2	2	322.000
17	C0100002691	7634	2	388.000	2	1	3	213.000
18	C0100003019	7636	5	1312.990	2	2	5	225.000
19	C0100003346	7609	4	491.000	3	3	4	334.000
20	C0100003753	7748	1	124.000	1	1	1	111.000

图 10.1.11　RFM 分析结果

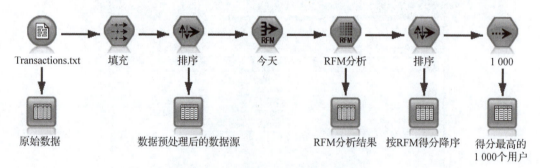

图 10.1.12　完整的 RFM 分析数据流图

尽管 RFM 分析在营销中非常常用，但在实际工作中还必须注意一些特定情况。一方面，可以对排名最高的目标客户进行一些促销活动，但过度诱导这些客户可能会适得其反，导致他们在重复的交易过程中出现反感或不进行购买。另一方面，不应忽视评分低的客户，因为他们经过培养可能会成为更好的客户。相反，根据市场反馈来看，仅具有高分值的客户不一定能带来好的销售业绩。例如，近因中分级为 5 的客户（即最近购买过产品或服务的客户）对有些销售人员（如销售汽车或电视等昂贵且使用期较长的产品的人员）来说可能并不是真正的最佳目标客户。

知识点提炼

RFM 分析是基于销售记录评估客户价值的方法。
1. R、F、M 分别代表了最近一次消费距离的时间、消费的频率和消费金额。

2. RFM 分析采用分箱方法，分别在 3 个指标上打分，RFM 总分值为 3 个指标的加权和。

3. RFM 分析要结合应用场景有选择地使用。

知识拓展

RFM 分析在市场营销领域中应用较为广泛的原因在于这个方法较为简单，在没有高级工具的情况下，使用 Excel 等办公软件即可实现，而且营销效果还能够接受。另外，这个方法的思路也经常在其他领域加以应用。简单来说，RFM 是从业务的视角对客户进行赋分的过程，这个过程以营销方向的先验知识为基础对客户的不同特征进行量化评价。在很多需要将分析对象对比、评估、划分的过程都可以采用类似的思路进行处理。特别是改革开放以来，我国国民经济飞速发展，住房、汽车等高价值商品早已成为居民消费的热点。在选购这些商品时，消费者通常更为理性，会从不同的角度对商品进行比较。这种比价的思路其实与 RFM 分析比较相似，虽然出发点不同、维度不同，但这种量化分析的思路是一致的。

任务评估

习　题

1. RFM 中 R、F 和 M 的意义分别是_____、_____和_____。
2. 在营销分析时，通常 R、F、M 指标中最重要的是_____。

学生评价

任务	开展 RFM 分析		
评价项目	评价标准	分值	得分
分别解释 R、F、M 的含义	能从营销的角度解释各指标	10	
分别计算客户的 R、F、M 值	能对简单实例计算 R、F、M 值	10	
举例介绍采用 RFM 分析的完整过程	能完成完整 RFM 分析过程	10	
合计		30	

教师评价

任务	开展 RFM 分析	
评价项目	是否满意	如何改进
知识技能的讲授		

续表

任务	开展 RFM 分析	
评价项目	是否满意	如何改进
学生掌握情况百分比		
学生职业素质是否有所提高		

习题答案

1. 最近一次消费至今的时间（Recency）、消费频率（Frequency）、消费金额（Monetary）。
2. R。